"十三五"规划全媒体人才培养丛书·数据科学系列

数据可视化原理与实例

DATA VISUALIZATION THEORY AND EXAMPLES

李春芳　石民勇　著

中国传媒大学出版社
·北京·

前　言

2015年9月5日国务院发布了《促进大数据发展行动纲要》（以下简称《纲要》），意味着中国大数据发展迎来顶层设计，正式上升为国家战略。《纲要》在政策机制中指出，鼓励高校设立数据科学和数据工程相关专业，重点培养专业化数据工程师等大数据专业人才。中国传媒大学计算机学院在石民勇院长筹划下，2014年开始招收“计算机科学与技术（大数据技术与应用）（080901）”专业本科生，调整原来的计算机科学与技术本科专业方向，着重培养大数据技术与应用方向人才，目前已经招生4年，在校本科生共计134人，2018年，招生方向与教育部专业目录一致，改为“数据科学与大数据技术（080910T）”本科专业。中传的大数据招生可以说走在了全国前列，体现了中传在新专业发展上的预见性，在国内算是较早开办大数据本科专业的高校。

大数据时代，海量数据的理解成为极富挑战性的难题。数据可视化是大数据技术体系的重要内容之一，可视化在压缩数据、解释问题、发现知识、归纳结论中发挥着重要作用。

本书是大数据专业的必修课——数据可视化及暑期实践课使用的教材，作者本着理论与实践结合，以提高软件开发工程能力为目标，立足可视化并兼顾外围数据采集处理问题。

本书适用于本科或研究生的数据可视化教学、软件开发中数据可视化应用以及启发开发新的数据可视化算法。第一、二章是Web可视化基础，第三至八章是D3的API各种布局与数据处理，包括饼图类、比例尺、动画与交互、力导向图、地图，第九章是音乐可视化，第十章是JavaScript图像处理，第十一章是可视化数据采集，第十二章是包括分词的词云图绘制，第十三章的主要内容——一种基于占用矩阵的词云图可视化算法——是第一作者在博后期间和导师刘连忠教授合作的一个专利，非常感谢刘老师同意将算法收入书中。其中第十章对于理解流行的深度学习之卷积神经网络小有帮助，第十三章主要是启发开发新的数据可视化算法，内容稍有难度，可以选学。

感谢“媒体大数据处理与应用关键技术研究”项目资助本书出版，并资助数据可视分析应用于中传如艺剧本系统，如果您对影视行业感兴趣，欢迎访问http://www.ruyi.cool。

鉴于作者水平所限，更兼时间和精力不足，书中错谬之处在所难免，若蒙读者老师不吝指正，不胜感激。

李春芳

石民勇

2018年1月16日

全书配套代码链接：http://cuc.yingshinet.com

目　录

CHAPTER 1

第一章 基于 Web 的数据可视化基础

基于Web的数据可视化开发，需要网页程序设计的基础知识，本章在概述HTML、CSS、JavaScript和SVG基础上，快速进入上述脚本的互操作。

第一节 数据可视化概述

一、数据可视化是大数据技术体系的重要组成

中国计算机学会CCF大数据专委会首次发布《中国大数据技术与产业发展报告（2013）》[1]，提出大数据的技术体系通常分为大数据采集与预处理、大数据存储与管理、大数据计算模式与系统、大数据分析与挖掘、大数据可视化计算以及大数据隐私与安全等方面。2016年12月，该专委会发布的《2017年大数据发展趋势预测》中预测的趋势是：可视化技术和工具提升大数据分析工具的易用性，并指出可视化连续多年成为十大发展趋势预测的选项，2016年曾占据榜首，2017年投票关注度有所下降，但还是占据了十大趋势的最后一席[2]。2017年12月发布的《2018年大数据发展趋势预测》[3]中，第十项基于知识图谱的大数据应用成为热门应用场景，此项与数据可视化中力导向图布局密切相关。数据可视化是大数据技术体系六大模块之一，在大数据分析挖掘中占有举足轻重的地位，可视化使晦涩的数据成为一种人人易懂的显学。

数据的采集、提取和理解是人类感知和认识世界的基本途径之一，数据可视化为人类洞察数据的内涵、理解数据蕴含的规律提供了重要手段。从宏观角度看，可视化包括三个功能：信息记录、支持对信息的推理和分析、信息传播和协同[4]。从奇数和的可视化、勾股定理的图形化证明到著名的“鬼图”曾帮助发现霍乱流行原因、蛋白质折叠游戏、大国高层政治人物社交网络和揭示批量文本主题的词云图，大量实例表明可视化在知识发现、分析、理解和传播中扮演着重要作用。

二、数据可视化简史

可视化的全称“科学计算可视化”（Visualization in Scientific Computing，ViSC）是1987年美国国家科学基金会的“科学计算可视化研讨会”报告中正式提出的概念[4]。大数据浪潮下，海量数据的分析、挖掘、传播和理解成为信息技术发展的巨大挑战。可视化在大数据挖掘中的作用体现在多个方面，如揭示想法和关系、形成论点或意见、观察事物演化的趋势、总结或积聚数据、存档和汇整、寻求真相和真理、传播知识和探索性数据分析等。

可视化是认知的过程，即形成某个物体的感知图像，强化认知理解，其终极目的是对事物规律的洞悉。人脑50%的信息通过视觉感知。人眼是一个高带宽的巨量视觉信号输入并行处理器，最高带宽为每秒100MB，具有很强的模式识别能力。因此，领域学者将可视化简明地定义为“通过可视表达增强人们完成某种任务的效率”，这种任务包括：发现、决策、解释、分析、探索和学习[4]。

信息科学领域面临的一个巨大挑战是数据爆炸。在信息管理、信息系统和知识管理学科中，最基本的模型是“数据、信息、知识、智慧”（Data，Information，Knowledge，Wisdom，DIKW）的诺兰模型。从数据到智慧，可视化在每一层递进转化中都起着重要的作用。

三、本书重点

可视化从传统的直方图、饼图、雷达图、箱图，发展到玫瑰图、关系图、词云图、力导向和弦图等多种方式，新的可视化算法、形式和工具仍不断出现。现实世界复杂系统的复杂性根源是多维度和多粒度的关联性。另一方面，概率、密度和频率构成纵深复杂性，这些概念也是统计学认识世界的重要方法，基于词频的词云图开创了文本数据可视化的新局面，提供了海量文本的探索性数据分析方法。然而以表达关系的力导向图和表达频次特征的词云图为代表的较复杂的可视化算法在实际的Web软件开发中有广泛需求，这些算法都有可用的API，并且基于最简单的HTML、CSS、JavaScript、SVG。

数据新闻专家沈浩认为数据可视化是一种数据分析、叙事手段和批判思维[5-6]。在有内容表达的前提下，数据可视化的形式大于内容。本书着重围绕D3.JS讨论数据可视化的形式如何实现。从学术角度看，D3.JS中比较有算法特点的可视化图是力导向和词云图，用途也非常广泛。力导向有效表达了关系和联系，在社交网络、知识图谱中广泛应用。词云图成为大数据的一个可视化代名词，本书第十三章是作者的一个词云图专利，着重论述了一种基于占用矩阵的词云图布局算法的原理。本书在论述基于D3的可视化原理上，着重对力导向和词云图做了比较深入的介绍，配书代码见cuc.yingshinet.com。

第二节　HTML 文档

HTML（Hyper Text Markup Language）是用来描述网页的一种语言，即超文本标记语言，它不是一种编程语言，而是一种标记语言，使用标签来描述网页[7]。

HTML 标签由尖括号包围的关键词构成，比如<html>，标签通常是成对出现的，比如表示一个段落的<p>和</p>，标签对中的第一个是开始标签，第二个是结束标签。

HTML 文档实际上等同于网页，它描述网页，包含 HTML 标签和纯文本，Web 浏览器的作用是读取 HTML 文档，并以网页的形式显示。浏览器不显示 HTML 标签，而是使用标签来解释页面的内容。

网页文件可以在任何文本编辑器中编写，如记事本、写字板，然而作为一个程序员，推荐使用稍微高级的文本编辑器，如 NodePad++、UltraEdit 等。如本书使用 NodePad++，一个类似于各种语言的 HelloWorld 程序的 HTML 网页见代码 CH1/Hello.htm。

程序编号：CH1/Hello.htm

```
<html>
    <head>
        <title>
            苏轼诗词精选
        </title>
    </head>
    <body>
        <h1>定风波·三月七日</h1>
        <h3>【宋】苏轼</h3>
        <p>
        <h5>三月七日，沙湖道中遇雨。雨具先去，同行皆狼狈，余独不觉。
            已而遂晴，故作此。</h5><br>
        莫听穿林打叶声，何妨吟啸且徐行。<br>
        竹杖芒鞋轻胜马，谁怕？一蓑烟雨任平生。<br>
        料峭春风吹酒醒，微冷，山头斜照却相迎。<br>
        回首向来萧瑟处，归去，也无风雨也无晴。<br>
        </p>
    </body>
</html>
```

代码中<html>与</html>之间的文本描述这个网页，<body>与</body>之间的文本是可见的页面内容，<h1>与</h1>之间的文本被显示为标题，<p>与</p>之间的文本被显示为段落。
表示换行。该页面的运行结果见图 1-1。

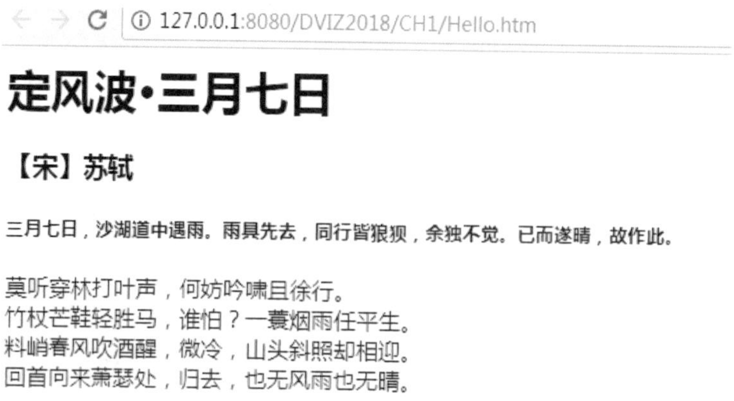

127.0.0.1:8080/DVIZ2018/CH1/Hello.htm

定风波·三月七日

【宋】苏轼

三月七日，沙湖道中遇雨。雨具先去，同行皆狼狈，余独不觉。已而遂晴，故作此。

莫听穿林打叶声，何妨吟啸且徐行。
竹杖芒鞋轻胜马，谁怕？一蓑烟雨任平生。
料峭春风吹酒醒，微冷，山头斜照却相迎。
回首向来萧瑟处，归去，也无风雨也无晴。

图 1–1　纯 HTML 的示例网页

更多的HTML标记可参见http://www.w3school.com.cn/html/index.asp[7]上的文档，该网站涵盖的文档内容如图1–2所示，包括HTML、CSS、JavaScript、XML、SVG、JSON、JQuery以及服务器端的SQL、ASP、PHP等文档，几乎涵盖了Web数据可视化前端的基础文档，作为一个程序员要记得经常去看官方文档。

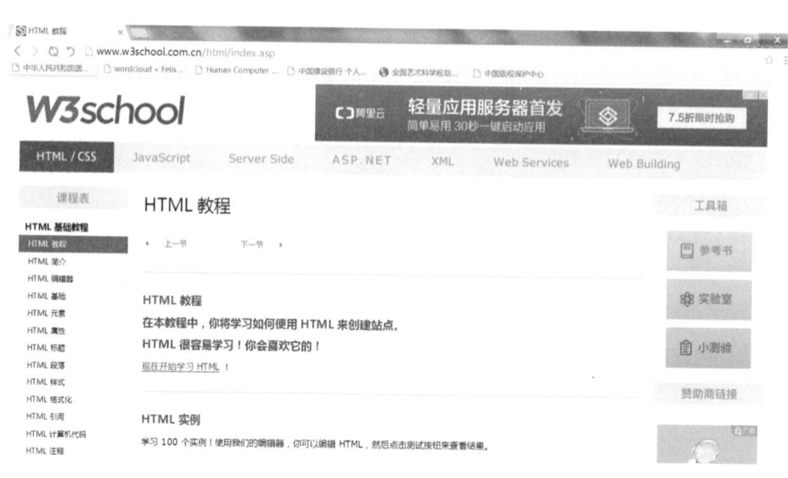

图 1–2　W3School.com.cn 上的 HTML 文档

从图1–1看，实际上这个网页文件是放在了Tomcat服务器下，本书的数据可视化大都放在Tomcat下，关于Tomcat的下载安装，请参考它的官网http://tomcat.apache.org/，当然安装Tomcat之前还要安装Java JDK，本书使用JDK7+Tomcat9。

提示

在NodePad++中编写的HTML文件可能会出现乱码，如果遇到了，请在NodePad++中，点击“编码”菜单，将代码格式修改为“转为UTF-8编码格式”，保存文件，并重新刷新页面即可。

瞭望

提起 w3school.com.cn，不得不说 W3C（World Wide Web Consortium），即万维网联盟，该组织作为欧洲核子研究机构的一个项目由 Tim Berners-Lee（蒂姆·博纳斯·李，见图 1-3）倡导发展起来。1994 年 10 月，博纳斯·李在麻省理工学院创建了万维网联盟，他邀请微软、网景、苹果、IBM 等 155 家公司以及一些研究机构，协同研究 WWW 的技术标准化，为推动万维网走向世界做出了巨大贡献。博纳斯·李由此被称为万维网的发明人，并担任 W3C 的主任。2012 年伦敦奥运会开幕式邀请博纳斯·李出场，他现场在键盘上敲出"This is for everyone"，意喻万维网是送给世界上每一个人的礼物。2017 年，他因"发明万维网、第一个浏览器和使万维网得以扩展的基本协议和算法"而获得 2016 年度图灵奖。

图 1-3　蒂姆·伯纳斯·李

W3C 在 1994 年被创建的目的是，为了完成麻省理工学院（MIT）与欧洲粒子物理研究所（CERN）之间的协同工作，并得到了美国国防部高级研究计划局（DARPA）和欧洲委员会（European Commission）的支持。W3C 由美国麻省理工学院计算机科学和人工智能实验室 （MIT CSAIL）以及总部位于法国的欧洲信息数学研究联盟（ERCIM）和日本的庆应大学（Keio University）联合运作，并且在世界范围内拥有分支办事处。

万维网联盟中国办事处成立于 2006 年 4 月 1 日。现设址于北京航空航天大学，由北航计算机学院计算机新技术研究所负责日常的运营工作。W3C 中国办事处致力于促进国内外万维网标准领域信息沟通互动，为国内企业、高校及科研机构参与国际信息技术标准化的研究、集成和推广提供服务。

第三节　层叠样式表 CSS

为了解决内容与表现分离的问题，万维网联盟（W3C），在HTML 4.0之后定义了样式（Style），即CSS（Cascading Style Sheets）层叠样式表，以单独定义如何显示HTML元素，样式通常存储在样式表中，存储在CSS文件中外部样式表提高了网页开发的效率。

当同一个HTML元素被不止一个样式定义时，使用最近优先的样式。一般而言，样式由外到内的定义级别包括：

a）浏览器缺省设置；

b）外部样式表；

c）内部样式表（位于<head>标签内部）；

d）内联样式（在HTML元素内部）。

内联样式（在HTML元素内部）拥有最高的优先权，即它将优先于<head> 标签中的样式声明、外部样式表中的样式声明以及浏览器中的样式声明（缺省值）。

一、内联样式

在Chrome浏览器中，默认的<h1>的字体是“黑体”，<p>默认的字体是“微软雅黑”，因此代码CH1/Hello.htm的运行结果是图1-1。如果使用了样式，见代码CH1/CSS.htm，根据最近样式优先原则，运行结果见图1-4，内联样式起作用，在<head>中的样式不起作用。

程序编号：CH1/CSS.htm

```
<html>
    <head>
        <title>
            苏轼诗词精选
        </title>
            <style type="text/css">
                body{background-color: #495A80}
                h1{color:#37C6C0}
                h3{color:#1DB0B8}
                h5{color:#00343F}
                p{font-family:华文新魏;color:#011935;font-size:24}
            </style>
    </head>
    <body style="background-color:#C3BEDC">
```

```
        <h1 style="color:#FFFEA0">定风波·三月七日</h1>
        <h3 style="color:#FEE388">【宋】苏轼</h3>
        <h5 style="color:#BA874C">三月七日，沙湖道中遇雨。雨具先去，同行皆狼狈，余独不觉。
                              已而遂晴，故作此。</h5>
        <p style="font-family:华文仿宋;color:8F1D78;font-size:20px;">
        莫听穿林打叶声，何妨吟啸且徐行。<br>
        竹杖芒鞋轻胜马，谁怕？一蓑烟雨任平生。<br>
        料峭春风吹酒醒，微冷，山头斜照却相迎。<br>
        回首向来萧瑟处，归去，也无风雨也无晴。<br>
        </p>
    </body>
</html>
```

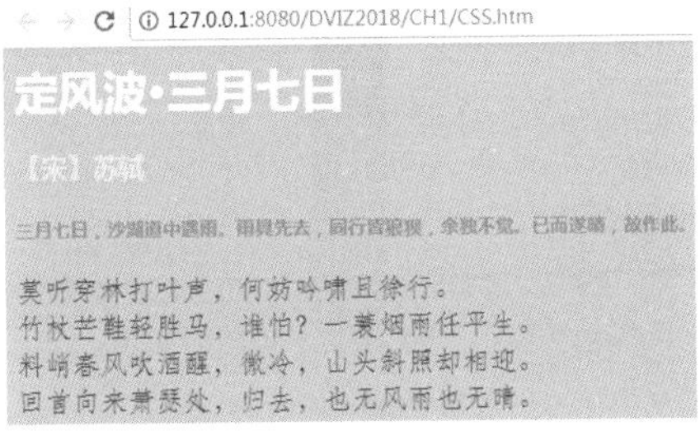

图 1-4　使用 CSS 的内联样式（在 HTML 元素内部）

图1-4内联样式使用的配色、内部样式配色和外部样式配色对比见图1-5。

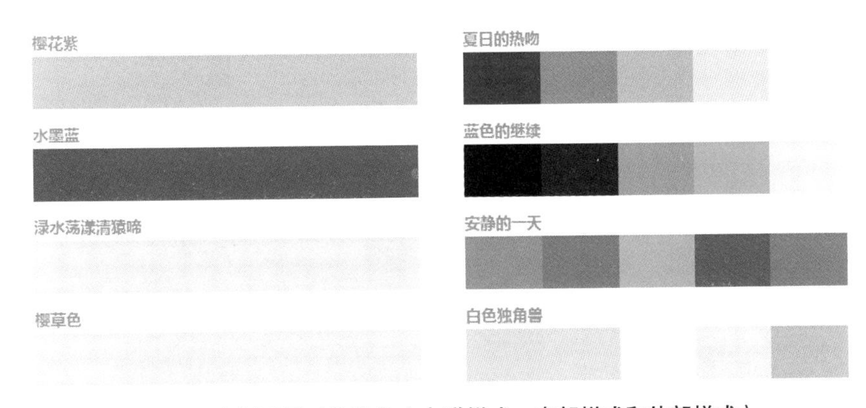

图 1-5　本例用于对比配色（内联样式、内部样式和外部样式）

二、内部样式

如果把内联的样式去掉，则<head>中的样式起到修饰作用，代码见CH1/CSS-2.htm，运行结果见图1-6，字体为“华文新魏”。

程序编号：CH1/CSS-2.htm

```
<html>
    <head>
        <title>
            苏轼诗词精选
        </title>
            <style type="text/css">
                body{background-color: #495A80}
                h1{color:#37C6C0}
                h3{color:#1DB0B8}
                h5{color:#00343F}
                p{font-family:华文新魏;color:#011935;font-size:24}
            </style>
    </head>
    <body>
        <h1>定风波·三月七日</h1>
        <h3>【宋】苏轼</h3>
        <h5>三月七日，沙湖道中遇雨。雨具先去，同行皆狼狈，余独不觉。已而遂晴，故作此。</h5>
        <p>
        莫听穿林打叶声，何妨吟啸且徐行。<br>
        竹杖芒鞋轻胜马，谁怕？一蓑烟雨任平生。<br>
        料峭春风吹酒醒，微冷，山头斜照却相迎。<br>
        回首向来萧瑟处，归去，也无风雨也无晴。<br>
        </p>
    </body>
</html>
```

127.0.0.1:8080/DVIZ2018/CH1/CSS-2.htm

定风波·三月七日

【宋】苏轼

三月七日，沙湖道中遇雨。雨具先去，同行皆狼狈，余独不觉。已而遂晴，故作此。

莫听穿林打叶声，何妨吟啸且徐行。
竹杖芒鞋轻胜马，谁怕？一蓑烟雨任平生。
料峭春风吹酒醒，微冷，山头斜照却相迎。
回首向来萧瑟处，归去，也无风雨也无晴。

图 1–6 使用 CSS 的内部样式表（位于 <head> 标签内部）

三、外部样式CSS文件

如果使用外部样式表，则可以把CSS样式部分单独写入一个文件，扩展名为.css，样式文件代码见css1.css，然后在HTML中引用这个文件，引用代码为<link rel="stylesheet" href="css/css1.css" type="text/css" />，运行结果见图1-7。修改为外部样式表后的代码如下：

程序编号：CH1/css/css1.css

```
body{
    background-color:#C7FFEC
}
h1{
    color:#2E68AA
}
h3{
    color:#77C34F
}
h5{
    color:#5E8579
}
p{
    font-family:华文隶书;
    color:#56A36C;
    font-size:20px;
}
```

程序编号：CH1/CSS-3.htm

```
<html>
    <head>
        <title>
            苏轼诗词精选
        </title>
        <link rel="stylesheet"href="css/css1.css"type="text/css" />
    </head>
    <body>
        <h1>定风波 · 三月七日</h1>
        <h3>【宋】苏轼</h3>
        <h5>三月七日，沙湖道中遇雨。雨具先去，同行皆狼狈，余独不觉。已而遂晴，故作此。</h5>
        <p>
        莫听穿林打叶声，何妨吟啸且徐行。<br>
        竹杖芒鞋轻胜马，谁怕？一蓑烟雨任平生。<br>
        料峭春风吹酒醒，微冷，山头斜照却相迎。<br>
```

```
            回首向来萧瑟处，归去，也无风雨也无晴。<br>
        </p>
    </body>
</html>
```

127.0.0.1:8080/DVIZ2018/CH1/CSS-3.htm

定风波·三月七日

【宋】苏轼

三月七日，沙湖道中遇雨。雨具先去，同行皆狼狈，余独不觉。已而遂晴，故作此。

莫听穿林打叶声，何妨吟啸且徐行。
竹杖芒鞋轻胜马，谁怕？一蓑烟雨任平生。
料峭春风吹酒醒，微冷，山头斜照却相迎。
回首向来萧瑟处，归去，也无风雨也无晴。

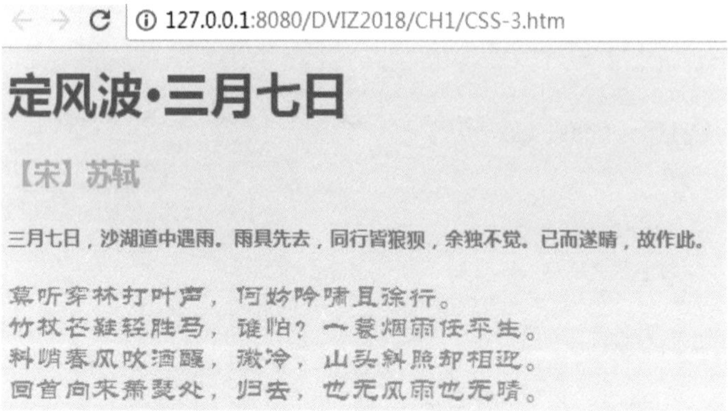

图 1–7　使用外部样式表

四、类选择器和ID选择器

前面直接对HTML的标签元素定义了样式，而在使用中一个页面可能有多种同一类的元素，想使用不同的样式，这时要如何区分呢？为此可以使用CSS选择器。CSS选择器最常用的有两种：一种是ID选择器，一种是类选择器。

类选择器使用“.”开头定义，如下在HTML内部定义了两个类选择器.poem_title和.poem，然后在使用这个样式的地方用class引用，如<h3 class="poem_title">定风波・三月七日</h3>。

ID选择器使用“#”开头定义，如下在HTML内部定义了一个ID选择器#poet，在使用这个样式的地方用id引用，如<h1 id="poet">苏轼作品雅集【宋】</h1>。

类选择器和ID选择器的代码如下：

程序编号：CH1/CSS-4.htm

```
<html>
    <head>
        <title>
            苏轼诗词精选
        </title>
        <style type="text/css">
            body{
                background-color:#FDFFDF;
            }
            hr{
```

```
                width:60%;
                color:#EFCEE8;
            }
            #poet{
                font-family:华文彩云;
                color:#E9F01D;
                font-size:48px;
            }
            .poem_title{
                font-family:华文行楷;
                font-size:28px;
            }
            .poem{
                font-family:华文隶书;
                font-size:20px;
            }
        </style>
    </head>
    <body>
        <center>
        <h1 id="poet">苏轼作品雅集【宋】</h1>
        <hr style="width:40%">
        <h3 class="poem_title">定风波·三月七日</h3>

        <h5>三月七日，沙湖道中遇雨。雨具先去，同行皆狼狈，余独不觉。已而遂晴，故作此。</h5>
        <p class="poem">
        莫听穿林打叶声，何妨吟啸且徐行。<br>
        竹杖芒鞋轻胜马，谁怕？一蓑烟雨任平生。<br>
        料峭春风吹酒醒，微冷，山头斜照却相迎。<br>
        回首向来萧瑟处，归去，也无风雨也无晴。<br>
        </p>
        <hr>
        <h3 class="poem_title">和董传留别</h3>
        <p class="poem">
        粗缯大布裹生涯，腹有诗书气自华。<br>
        厌伴老儒烹瓠叶，强随举子踏槐花。<br>
        囊空不办寻春马，眼乱行看择婿车。<br>
        得意犹堪夸世俗，诏黄新湿字如鸦。<br>
        </p>
        </center>
    </body>
</html>
```

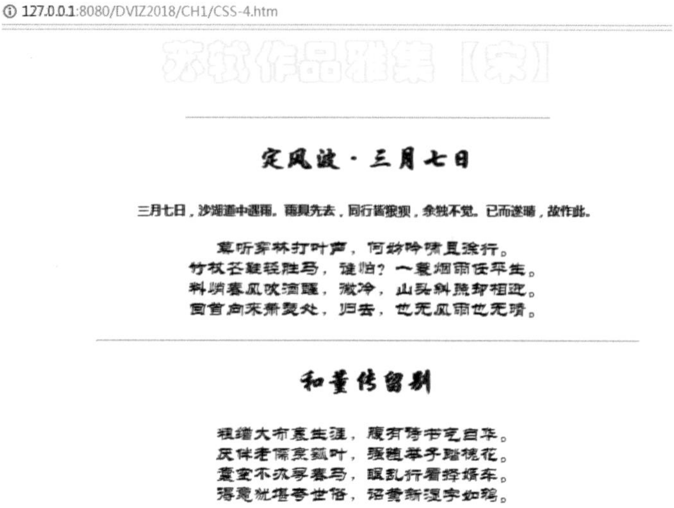

127.0.0.1:8080/DVIZ2018/CH1/CSS-4.htm

苏轼作品雅集【宋】

定风波·三月七日

三月七日，沙湖道中遇雨。雨具先去，同行皆狼狈，余独不觉。已而遂晴，故作此。

莫听穿林打叶声，何妨吟啸且徐行。
竹杖芒鞋轻胜马，谁怕？一蓑烟雨任平生。
料峭春风吹酒醒，微冷，山头斜照却相迎。
回首向来萧瑟处，归去，也无风雨也无晴。

和董传留别

粗缯大布裹生涯，腹有诗书气自华。
厌伴老儒烹瓠叶，强随举子踏槐花。
囊空不办寻春马，眼乱行看择婿车。
得意犹堪夸世俗，诏黄新湿字如鸦。

图 1-8　CSS 类选择器和 ID 选择器运行结果

提示-->>

如果说 HTML 标签元素所描绘的网页是建造一座房子，那么 CSS 的作用类似于给房子装修。CSS 在网站设计、基于 Web 的可视化中的作用非同小可，关于它的详细文档参见 w3school.com.cn，特别是色彩名或者色彩值，可以从该网站查询，配色可以参见相关网站。

第四节　JavaScript 脚本

JavaScript是世界上最流行的网页脚本语言。它被数百万计的网页用来改进设计、验证表单、检测浏览器、创建cookies等。它适用于桌面和移动应用，被设计为在HTML页面用户与浏览器的交互操作。JavaScript是一种轻量级的编程语言，其代码可以插入HTML页面编码，并由所有的主流浏览器执行。

一、JavaScript起源

1995年，网景公司（Netscape）为了解决浏览器与用户的交互问题，决定开发一个客户端脚本语言。当时的情况是绝大多数用户使用调制解调器上网，用户填写完一个表单后提交，需要等待几十秒，而服务器有可能会反馈错误信息，这严重影响了人们上网的兴致。当时网景公司的整个管理层都是Java语言的信徒，1995年5月，网景公司做出决策，未来的网页脚本语言必须“看上去与Java足够相似”，但是比Java简单，让非专业的网页作者也能很快上手。

新受聘于网景公司的计算机科学家布兰登·艾奇（Brendan Eich，图1-9）被指定为这种“简化版Java语言”的设计师。布兰登·艾奇的主要方向和兴趣是函数式编程，他对Java一点兴趣也没有。据说为了应付公司安排的任务，他只用10天时间就把JavaScript设计出来了。如果不是公司的决策，布兰登·艾奇绝不可能把Java作为JavaScript设计的原型。作为设计者，据说他一点也不喜欢自己的这个作品：“与其说我爱Javascript，不如说我恨它。它是C语言和Self语言混合的产物。十八世纪英国文学家约翰逊博士说得好：‘它的优秀之处并非原创，它的原创之处并不优秀’。”布兰登·艾奇后来成为Mozilla项目、Mozilla基金会及Mozilla公司的联合创始人，被公认为JavaScript语言之父。

图 1–9　JavaScript 之父布兰登·艾奇

二、JavaScript基本语法

在HTML文档中通过<script></script>标签来使用JavaScript。如果要在HTML中使用JavaScript代码，可以进行如下操作，对CH1/Hello.htm代码修改<head>信息，页面加载时显示一个告警框Alert。

代码编号：CH1-1-Hello.htm（片段修改）

```
<head>
        <title>
            苏轼诗词精选
        </title>
        <script type ="text/javascript">
```

```
            alert("Hello World!");
        </script>
</head>
```

图 1–10 在 HTML 页面中使用 JavaScript 脚本

（一）基本语法要求

区分大小写。JavaScript的变量名、函数名等都是区分大小写的，并且第一个字符必须是字母（a~z或A~Z）、下划线（_）或者美元符号（$），后面的字符可以有数字。如：name和Name是不一样的。

注释。JavaScript中的注释分为单行注释和多行注释，注释方法与C、C++和Java语言一样，单行注释为（//），多行注释为（/* */）。

语句结束符。JavaScript一般要求每条语句结尾都加上分号（;），经常会有不带分号的例子，用分号来结束语句是可选的。虽然不添加分号浏览器也能解读，但容易造成错误，因此建议加上。

（二）变量

在JavaScript中定义变量，使用var操作符，用一个空格隔开后写变量名，定义多个变量时则用逗号（,）隔开。

如果在定义变量时不为其赋值，则默认值为undefined，表示尚未定义。为防止变量错误，通常应该在定义时就赋值。同时定义并赋值多个变量时用逗号隔开。

```
var a;
var a, b, c;
var a = 1;
var a=1, b=2, c=3;
```

JavaScript有五种基本数据类型：number、string、boolean、undefined、null。还有一种较为复杂的数据类型：object。可用typeof查看变量属于什么类型。

JavaScript的变量是松散类型的，所有变量的定义都使用var，既可以是数值（int、float或double），也可以是布尔类型，还可以是字符串（char或string）。并且，即便一个变量初始值为数值，仍然可以将其他类型的值赋给它。

```
var a = 3;
var b = true;
var c = "student";
a = "teacher";
```

上述例子中，a的初始值是3，但仍可以用字符串为其赋值。虽然如此，变量的类型最好自始至终都是确定的，建议不要随意改换。

数值型。JavaScript的数值范围，最大数值为Number.MAX_VALUE，这个值通常为1.7976931348623157e+308；最小数值为Number.MIN_VALUE，这个值为5e−324。若超出范围，正数则返回Infinity（正无穷），负数则返回−Infinity（负无穷）。另外，正数除以0返回正无穷，负数除以0返回负无穷。数值类型可以是八进制数（以0开头）、十进制数、十六进制数（以0x开头）。

字符串。可以由单引号或者双引号表示，其长度可用length得到。

boolean。布尔类型有 true 和 false 两个值，分别表示“真”和“假”两种状态。在条件语句中，其他类型的值会自动转换为布尔类型。其中，有五种值会转换为false：0、NaN、undefined、null、""（空字符串）。其他值均转换为true。

undefined。在使用var声明变量但未对其初始化时，这个变量的值就是undefined类型。如果某变量将要为其赋值为其他数据类型之一，则应将其初始化为undefined。

null。表示一个空对象。如果某变量将来要为其赋值为object类型，则应将其初始化为null。如果用typeof检测一个赋值为null的变量，结果为object。

对象。本质上是由一组无序的名值对组成，用于创建自定义对象（实例）。其创建方法如下：

```
var student = new Object();          //创建了一个无任何属性和方法的对象
student.name = “lucky” ;            //为对象student添加属性name
student.age = 1;
student.getOlder = function() {     //为对象添加增加年龄的方法
    this.age += 1;
}
```

访问对象有如下方法：

点表示法：student.name。

方括号表示法：student["name"]。

（三）操作符

算术操作符。包括加（+）、减（−）、乘（*）、除（/）和求余（%）等操作。此外，还有自加（++）、自减（−−），应注意++a和a++、−−a和a−−的结果是不一样的。

赋值操作符。由算术运算符和等号配合使用，有加等于（+=）、减等于（−=）、乘等于（*=）、除等于（/=）、求余等于（%=）等，使代码更加简洁。

布尔操作符。包括与（&&）、或（||）、非（!）三种。

关系操作符。共8种，分别是大于（>）、小于（<）、相等（==）、大于等于（>=）、小于等于（<=）、不等（!=）、全等（===）、不全等（!==）。其中，相等操作符会自动对数据类型进行转换，全等则不会。

条件操作符。例如，var result = 3 > 2 ? yes : no，如果问号前的条件为真，则返回冒号之前的值；否则，返回冒号后面的值。

（四）语句

JavaScript中的语句与C、C++和Java等语言的语句类似，用于流程控制实现条件判断的if-else、循环for、while和switch等语句。

（五）数组

JavaScript的数组是一种对象，用typeof检测可知数组是object类型的；数组的数组项其实就是对象的属性，数组项的序号就是属性的名称。

同一个数组中的数组项可以是相同类型的，也可以是不同类型的。定义数组的方法有如下几种：

```
var array1 = [1, 2, 3];
var array2 = [0, “car” , 2.3, true];
var array3 = new Array(0, 1, 2, 3);    //创建长度为4，数组项为0,1,2,3的数组
var array4 = new Array(6);             //创建长度为6的空数组，尚未赋值
```

数组的长度可以用length获得。

给数组添加或删除项可以使用以下几种函数：

push：在末尾添加项。

pop：将末尾项删除并返回。

shift：将第一项删除并返回。

unshift：从最前面推入项。

（六）函数

函数定义建议使用如下格式，见在CH1/Hello.htm中<head>部分定义的hello()函数，本例中这个函数在页面加载时执行，即放在了<body>的onload事件中，这段代码执行的结果和图1-9是完全一样的。

代码编号：CH1-1-Hello.htm（修改片段）

```
<html>
    <head>
        <title>
            苏轼诗词精选
        </title>
        <script type ="text/javascript">
            function hello(){
                alert("Hello World!");
            }
        </script>
    </head>
    <body onload="hello()">
        <h1>定风波·三月七日</h1>
         ……
    </body>
</html>
```

三、JavaScript操作DOM元素

（一）DOM元素

DOM（Document Object Model，文档对象模型）是W3C的标准。它定义了访问HTML和XML文档的标准，DOM是中立于平台和语言的接口，它允许程序及脚本动态地访问和更新文档的内容、结构、样式。

W3C DOM标准被分为3个不同的部分：

核心 DOM：针对任何结构化文档的标准模型。

XML DOM：针对XML文档的标准模型。

HTML DOM：针对HTML文档的标准模型。

HTML DOM定义了访问和操作HTML文档的标准方法，DOM将HTML文档表达为树结构，因此被称为DOM树。

每个载入浏览器的HTML文档都会成为Document对象，Document对象使得可以从JavaScript脚本中对HTML页面中的所有元素进行访问。

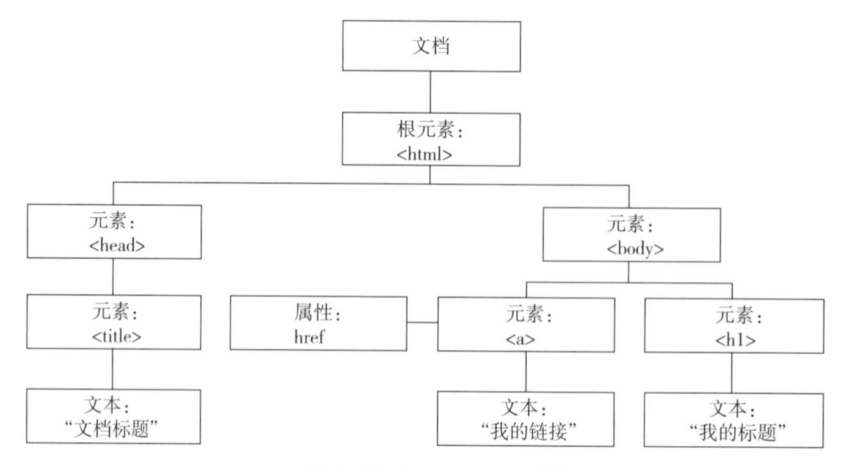

图 1-11　HTML DOM 树

HTML DOM 定义了关于如何获取、修改、添加或删除 HTML 元素的标准。图 1-11 的DOM树对应的网页为CH1/DOM.htm。

程序编号：CH1/DOM.htm

```
<html>
    <head>
        <title>DOM 教程</title>
    </head>
    <body>
        <h1><a>DOM 第一课</a></h1>
        <p>Hello world!</p>
    </body>
</html>
```

（二）DOM元素编程接口

可通过JavaScript对HTML DOM进行访问。所有HTML元素被定义为对象，而编程接口则是对象方法和对象属性。方法是程序能够执行的动作（比如添加或修改元素），属性是程序能够获取或设置的值（比如节点的名称或内容）。

HTML DOM Document对象。Document对象使得可以从脚本中访问HTML页面中的所有元素。Document对象是Window对象的一部分，可通过 window.document 属性对其进行访问。

表1-1、表1-2和表1-3在网页爬虫中特别有用，可以从带有噪声的网页上定位用户内容抓取。比如表1-1中images[]可以返回所有的图片对象。表1-2中domain可以返回当前文档的域名。

表 1–1 Document 对象集合

集 合	描 述
all[]	提供对文档中所有 HTML 元素的访问。
anchors[]	返回对文档中所有 Anchor 对象的引用。
forms[]	返回对文档中所有 Form 对象的引用。
images[]	返回对文档中所有 Image 对象的引用。
links[]	返回对文档中所有 Area 和 Link 对象的引用。

表 1–2 Document 对象属性

属 性	描 述
body	提供对 <body> 元素的直接访问。 对于定义了框架集的文档，该属性引用最外层的 <frameset>。
cookie	设置或返回与当前文档有关的所有 cookie。
domain	返回当前文档的域名。
lastModified	返回文档被最后修改的日期和时间。
referrer	返回载入当前文档的 URL。
title	返回当前文档的标题。
URL	返回当前文档的 URL。

表 1–3 Document 对象方法

方 法	描 述
close ( )	关闭用 document.open ( ) 方法打开的输出流，并显示选定的数据。
getElementById ( )	返回对拥有指定 id 的第一个对象的引用。
getElementsByName ( )	返回带有指定名称的对象集合。
getElementsByTagName ( )	返回带有指定标签名的对象集合。
open ( )	打开一个流，以收集来自任何 document.write ( ) 或 document.writeln ( ) 方法的输出。
write ( )	向文档写 HTML 表达式或 JavaScript 代码。
writeln ( )	等同于 write ( ) 方法，不同的是在每个表达式之后写一个换行符。

（三）JavaScript操作DOM示例

本示例通过JavaScript修改网页文本的内容、链接和目标窗口信息，运行结果如图1–12所示。

程序编号：CH1/DOM-2.htm

```
<html>
    <head>
        <script type="text/javascript">
            function changeLink(){
document.getElementById('myAnchor').innerHTML="访问 W3School";
document.getElementById('myAnchor').href="http://www.w3school.com.cn";
document.getElementById('myAnchor').target="_blank";
        }
        </script>
    </head>

    <body>
        <a id="myAnchor" href="http://www.baidu.com">访问百度</a>
        <input type="button" onclick="changeLink()" value="改变链接">
    </body>
</html>
```

图 1-12 JavaScript 操作 DOM 元素运行结果

（四）JavaScript动态操作DOM

通过可编程的对象模型，JavaScript获得了足够的能力来创建动态的 HTML。JavaScript 能够改变页面中的所有HTML元素和它们的属性，能够改变页面中的所有CSS样式，能够对页面中的所有事件做出反应。

表1-4列出了常用操作HTML DOM的JavaScript API。

表 1-4 常用操作 HTML DOM 的 JavaScript API

操 作	示例语法	描 述
定位	document.getElementById（"No1"）	通过 id 获取元素。
定位	document.getElementsByTagName（"p"）	通过 tag 获取。
定位	document.getElementsByClassName（"para"）	通过 class 获取。
创建	document.createElement（"rect"）	创建 HTML 元素。
加子节点	document.getElementById（id）.appendChild（child）	添加到 DOM 树。
属性	document.getElementById（"p2"）.style.color="blue"	设置属性。

四、Node.JS与JSBin

（一）Node.JS

JavaScript出现以来一直被认为是客户端脚本，2009年，Ryan Dahl 原创性地写出了Node.JS，使得JavaScript第一次可以作为一种服务器端的语言出现。Node.JS使得JavaScript被用于服务器端脚本，来生成动态网页内容然后返回到客户端。Node.JS是一个事件驱动I/O服务端JavaScript环境，基于Google的V8引擎，在V8引擎上执行JavaScript的速度较快。

（二）在线Web开发调试工具

对于开发人员来讲，如果将代码调试环境直接部署在浏览器中，在浏览器的服务页面上编辑代码，通过异步方式就可以实时显示修改效果，所写即所得，省去等待浏览器重新加载网页文件并渲染的时间，这是件令人兴奋的事情。从w3school网站上或许能体会到这种浏览器代码调试的便利，此外还有一些功能更强的在线Web开发调试工具，如RunJS、JSFiddle、JSBin等。RunJS的优点是国内访问速度快，可以上传图片，但是需要登录和用户名。JSFiddle功能较强，提供历史记录，但访问速度慢，没有集成Console。JSBin不需要登录，可以随时发布与预览，自带有Console适合调试JS，还可以通过分享正在编辑页面的URL帮助其他人调试或编辑代码，对于多人协作项目来说非常便利，因此，本书后续部分代码选择JSBin作为在线代码调试工具。

（三）JSBin

JSBin是一个用Node.JS开发的在线Web页面调试工具[8]。通过在浏览器地址栏输入http://jsbin.com即可打开JSBin在线编辑工具。初次打开可能会提示是否升级为付费的专业版本，点击关闭按钮即可看到如图1–13所示的主界面，主界面分为导航栏和工作区，图中是CH1/CSS–2.htm的代码及运行结果。

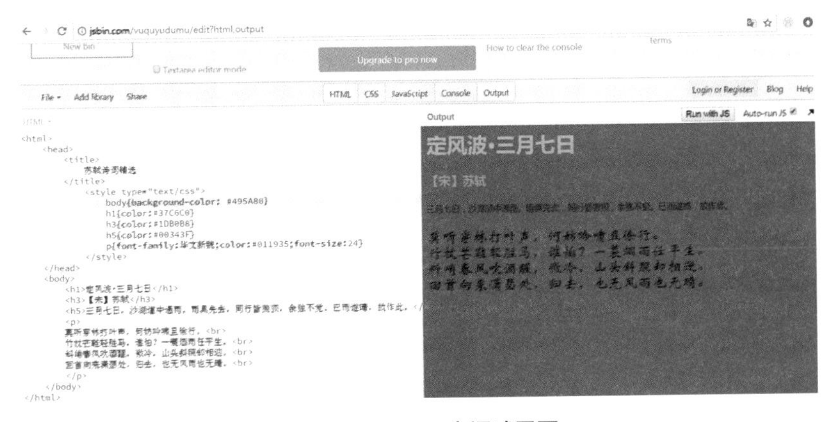

图 1–13　JSBin 中调试网页

New表示新建一个bin，点击new之后，各个区域都会被重新加载，编辑的代码都会消失，恢复初始编辑状态，进行编辑时会看到重新分配了id。

Make bin private表明将bin私有化，别人无法访问，不过这是付费的专业版功能。

Delete表示删除当前的bin，删除之后依然可以编辑，只不过一旦离开这个bin就真的消失了。

Archive表示将当前的bin存档，但必须登录才可以。

Add Description为html添加description的meta tag。

Clone表示将别人的bin复制到自己的账号下。

Download表示将已经编辑的bin整合到一个网页内部，下载到本地。

Add library可以为html添加一些常用的JS库，例如JQuery、JQuery UI、JQuery Mobile、Bootstrap、YUI、AngularJS、Kendo UI、Backbone、Modernizr等。

每一个编辑模块相互独立，并且可以点击下三角选择不同的语言，比如HTML可以选择Markdown、Jade等，CSS可以选择Less或Myth等，JavaScript可以选择ES6或JSX等。Output可以选择是否实时显示JS效果。

第五节　SVG矢量图

目前为止，本书还未曾绘制一个图，本节则会绘制图形，朝着本书的重点，数据可视化迈进。

一、SVG是什么

SVG（Scalable Vector Graphics）意为可缩放矢量图形。它使用XML格式定义图形。包括本书在内的大部分Web页面的数据可视化作品都是SVG图，但也不排除个别用Canvas绘制的图，如图像处理部分。

在2003年1月，SVG 1.1被确立为W3C标准。参与定义SVG的组织有：Sun、Adobe、Apple、IBM等。

与其他图像格式相比，使用SVG的优势在于：SVG可被非常多的工具读取和修改（比如记事本）；SVG与JPEG和GIF图像比起来，尺寸更小，且可压缩性更强；SVG图像可在任何分辨率下被高质量地打印；SVG可在图像质量不下降的情况下被放大；SVG 图像中的文本是可选的，同时也是可搜索的（适合制作地图）；SVG是开放的标准和纯粹的XML。

二、SVG的基本绘图元素

SVG有一些预定义的形状元素，可被开发者使用和操作，主要包括7种：矩形<rect>、圆形<circle>、椭圆 <ellipse>、线<line>、折线<polyline>、多边形<polygon>、路径<path>。或许开发者根本没想到的是，本质上这7种图形构成了各种可视化的绚丽效果。

```
<svg width="100%" height="100%" version="1.1" xmlns="">
<rect x="20" y="20" rx="20" ry="20" width="250" height="100"
            style="fill:red;stroke:black;stroke-width:5;opacity:0.5"/>
```

以上代码绘制了一个圆角矩形，矩形的左上角的起始坐标为（x,y），rx和ry表示圆角的半径，矩形的宽度为width，高度为height中的值，矩形样式在style中定义，填充fill为红色（red），边线stroke为黑色（black），边线宽度stroke-width为5个像素，透明度opacity为0.5，即半透明，代码在JSBin中的运行结果如图1-14所示。

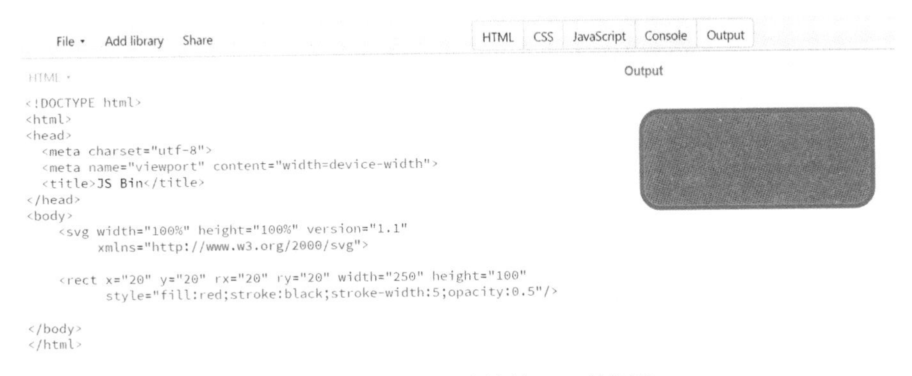

图 1-14　在 JSBin 中绘制 SVG 的矩形

表1-5列出了7种图形的主要参数。比如最常用的矩形<rect>的参数是左上角坐标和宽度高度，其他是一些辅助参数。

表 1-5　SVG 常用元素

元　素	参　数	描　述
矩形	<rect x=20 y–20 width=250 height=250 />	左上角、宽和高
圆形	<circle cx=100 cy=50 r=40 />	圆心、半径
椭圆	<ellipse cx=240 cy=100 rx=220 ry=30 />	圆心、长短轴半径
线	<line x1=0 y1=0 x2=300 y2=300 />	直线的起点和终点坐标
多边形	<polygon points="220,100 300,210 170,250" />	多边形各个点的坐标
折线	<polyline points="0,0 0,20 20,20 20,40 40,40 40,60" />	折线各个点的坐标

续表

元 素	参 数	描 述
路径	<path d="M250 150 L150 350 L350 350 Z" />	移动到点 M、画线 L 等
文本	<text x=20 y=100>HelloWorld</text>	左下角坐标、文本内容

路径<path>的用途比较多，比如绘制箭头、在D3JS的力导向图中绘制平行于边的文字等，path的参数如下：

M = move to

L = line to

H = horizontal line to

V = vertical line to

C = curve to

S = smooth curve to

Q = quadratic Belzier curve

T = smooth quadratic Belzier curve to

A = elliptical Arc

Z = closepath

路径path所有命令均允许小写字母。大写表示绝对定位，小写表示相对定位。

三、SVG实例：绘制箭头

SVG的箭头在有向图的可视化算法，即力导向图的绘制中是必用的。箭头的绘制主要使用了<marker>元素创建一个marker，并设置相关属性。通常把marker放在<defs>元素中，然后在其他地方引用。示例代码见SVGArrow.htm，箭头中用<path d="M0,0 L0,6 L9,3 z "fill="#00F" />定义了一段路径作为直线的修饰。

程序编号：CH1/SVGArrow.htm

```
<html>
    <head>
      <title>SVG箭头绘制</title>
    </head>
    <body>
        <svg width="600px" height="600px">
          <defs>
            <marker id="arrow" markerWidth="10" markerHeight="10" refx="0"
                  refy="3" orient="auto" markerUnits="strokeWidth">
            <path d="M0,0 L0,6 L9,3 z" fill="#00F" />
```

```
            </marker>
          </defs>
          <line x1="5" y1="5" x2="250" y2="5" stroke="#00F"
            stroke-width="2" marker-end="url(#arrow)" />
          <line x1="5" y1="5" x2="5" y2="250" stroke="#00F" stroke-width="2"
            marker-end="url(#arrow)" />
          <line x1="5" y1="5" x2="100" y2="100" stroke="#00F" stroke-width="10"
            marker-end="url(#arrow)" />
        </svg>
    </body>
</html>
```

运行结果，见图1–15。特别值得注意的是，箭头的标记是随着宿主元素的样式变化的，在此例中，箭头的宿主是每一段直线，坐标系的直线宽度为2，绘制的一个矢量的宽度为5，虽然这三段直线引用了同一个marker元素，但是箭头随宿主元素显示了不同的stroke属性。

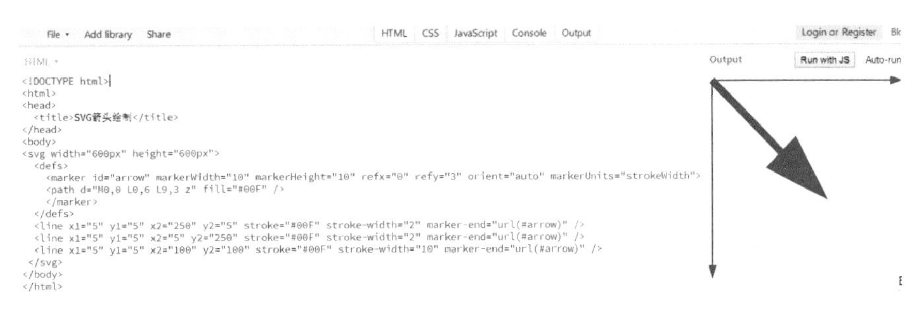

图 1–15　SVG 箭头的绘制

小结

第一章主要介绍了Web数据可视化的基础，HTML、CSS、JavaScript、SVG以及它们与DOM之间的关系。HTML和SVG是DOM的元素，CSS是元素的样式，JavaScript可以通过脚本即代码操作所有的DOM元素，包括增删改查的操作。

CHAPTER 2

第二章 基于JavaScript和SVG的绘图

D3和Echart，实际上都是基于HTML、CSS、JavaScript、SVG以及Canvas开发的数据可视化API，换句话说，不使用D3和Echart，用基础的W3C的标准元素能完全实现所有可视化，为了充分理解这一点，本章就以上述5种基本Web规范，实现直方图、二叉树和文字树，说明Web数据可视化的设计实现过程。

第一节　直方图

本例直方图绘制用到SVG元素的矩形，在真正开始绘制之前需要先了解一下屏幕坐标系和屏幕分辨率。

一、屏幕坐标系与屏幕分辨率

屏幕坐标系的坐标原点默认为左上角，即（0,0），横向向右为X轴，纵向向下为Y轴。JavaScript（JS）提供了获取屏幕分辨率的API，代码如下：

程序编号：CH2/Screen.htm

```
<html>
<body>
    <p id="demo"></p>
    <script>
        var w=window.innerWidth
        || document.documentElement.clientWidth
        || document.body.clientWidth;

        var h=window.innerHeight
```

```
            || document.documentElement.clientHeight
            || document.body.clientHeight;

            x=document.getElementById("demo");
            x.innerHTML="浏览器的内部窗口宽度: " + w + ", 高度: " + h + "。"
        </script>
    </body>
</html>
```

完整运行结果见图2-1。基本上后面的程序都是全屏显示的。

127.0.0.1:8080/BOOK2018/CH2/Screen.htm

浏览器的内部窗口宽度：1280，高度：617。

图 2-1　JavaScript 获取屏幕分辨率

二、随机数直方图

用JS的for循环和随机数绘制一组直方图的代码，见CH2/Histogram.htm。

程序中先在<body>中添加一个<svg>的元素，其id="mySVG"，以便在JS的代码中使用DOM元素的document.getElementById("mySVG")获取这个<svg>。创建一个数组svgrec，即后面的<rect>，用DOM的document.createElement("rect")创建SVG的矩形<rect>，在DOM树上添加到<svg>上，作为<svg>的子节点，即mysvg.appendChild(svgrec[i])。用JS的函数Math.random()*300生成一个[0,300]之间的随机数，通过DOM的API设置<rect>的属性outerHTML。

在JavaScript中，Math.random()方法，返回为[0–1)区间，包括0但不包括1的一个随机数。

程序编号：CH2/Histogram.htm

```
<html>
    <head>
        <title>直方图</title>
    </head>
    <body>
        <svg id="mySVG" width="800" height="600" version="1.1"
            xmlns="http://www.w3.org/2000/svg"></svg>
        <script>
            var x=75,y=300;
            var mysvg = document.getElementById("mySVG");
            var svgrec= new Array();
            for(var i=0;i<6;i++){
```

```
                svgrec[i] = document.createElement("rect");
                mysvg.appendChild(svgrec[i]);
                var h=Math.random()*300;
             svgrec[i].outerHTML="<rect x="+(i*x)+" y="+(y-h)+" width=60
height="+(h)+" style='fill:red' />";
             }
         </script>
     </body>
</html>
```

程序在JSBin中的运行结果见图2-2。

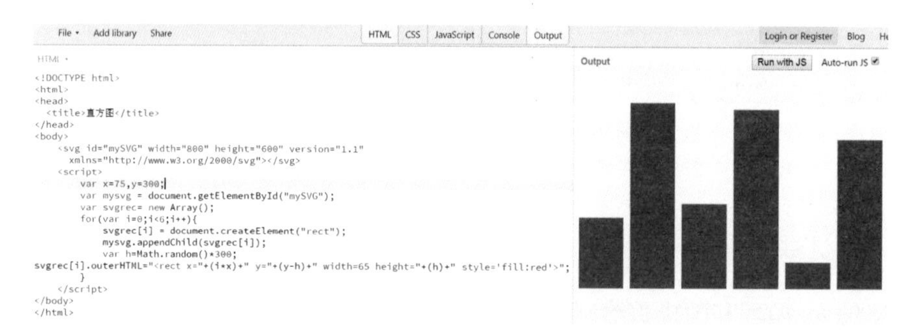

图2-2 基于JavaScript和SVG的直方图

三、直方图渐进绘制

作为第一个数据可视化的例子，有必要把这几行代码解释清楚。以下代码片段对CH2/Histogram.htm代码做一个递进修改。

第一步，在SVG区域绘制一个矩形。在JSBin中的运行结果见图2-3。

程序编号：CH2/Histogram.htm（代码片段-1）

```
<body>
    <svg id="mySVG" width="800" height="600" version="1.1"
xmlns="http://www.w3.org/2000/svg">
      <rect x=20 y=20 width=70 height=200 style=’fill:red’ />
    </svg>
</body>
```

图2-3 SVG区域绘制矩形

第二步，定义一个SVG区域，用JS通过DOM API，即createElement("rect")，绘制一个矩形，运行结果见图2-4。

程序编号：CH2/Histogram.htm（代码片段 –2）

```
<body>
    <svg id="mySVG" width="800" height="600" version="1.1" xmlns=""></svg>
    <script type="text/javascript">
        var mysvg = document.getElementById("mySVG");
        var rec=document.createElement("rect");
        mysvg.appendChild(rec);
        rec.outerHTML="<rect x=20 y=20 width=70 height=200 style='fill:red' />";
    </script>
</body>
```

```
File ▾  Add library  Share    HTML  CSS  JavaScript  Console  Output    Login or Register  Blog
HTML ▾                                                                  Output    Run with JS  Auto-run JS
<!DOCTYPE html>
<html>
<head>
  <meta charset="utf-8">
  <meta name="viewport" content="width=device-width">
  <title>JS Bin</title>
</head>
<body>
  <svg id="mySVG" width="800" height="600" version="1.1" xmlns="http://www.w3.org/2000/svg"></svg>
  <script type="text/javascript">
        var mysvg = document.getElementById("mySVG");
        var rec=document.createElement("rect");
        mysvg.appendChild(rec);
        rec.outerHTML="<rect x=20 y=20 width=70 height=200 style='fill:red'/>";
  </script>
</body>
</html>
```

图 2–4　SVG 区域用 JavaScript 绘制矩形

第三步，用JavaScript绘制一组矩形，这组矩形因左上角坐标和宽高完全相同而重叠，运行结果见图2-5。

图 2–5　SVG 区域用 JavaScript 绘制一组矩形

程序编号：CH2/Histogram.htm（代码片段 –3）

```
    <script type="text/javascript">
        var mysvg = document.getElementById("mySVG");
        var rec= new Array();
```

```
        for(var i=0;i<6;i++){
            rec[i] = document.createElement("rect");
            mysvg.appendChild(rec[i]);
rec[i].outerHTML="<rect x=20 y=20 width=70 height=200 style='fill:red'/>";
        }
    </script>
```

第四步，用JavaScript绘制一组矩形，调整矩形左上角的x坐标，使矩形均匀分布，运行结果见图2–6。

程序编号：CH2/Histogram.htm（代码片段–4）

```
rec[i].outerHTML="<rect x="+(20+80*i)+" y=20 width=70 height=200 style='fill:red'/>";
```

图2–6 调整矩形的x坐标

第五步，调整矩形的高度height。

这段代码说明屏幕坐标系的Y轴正向是向下的，运行结果见图2–7。

程序编号：CH2/Histogram.htm（代码片段–5）

```
rec[i].outerHTML="<rect x="+(20+80*i)+" y=20 width=70 height="+h+" style='fill:red'/>";
```

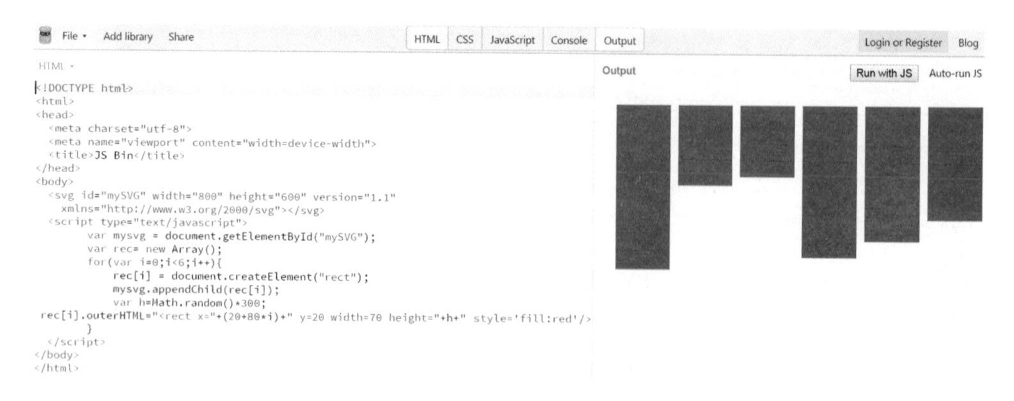

图2–7 调整矩形的高度height

第六步，调整矩形左上角的y坐标。

绘制直方图下端对齐，则y坐标开始的位置与矩形的高度相关，y=常数-h。

代码编号：CH2-2-Histogram.htm（代码片段-6）

```
rec[i].outerHTML="<rect x="+(20+80*i)+" y="+(400-h)+" width=70 height="+h+"
style='fill:red'/>";
```

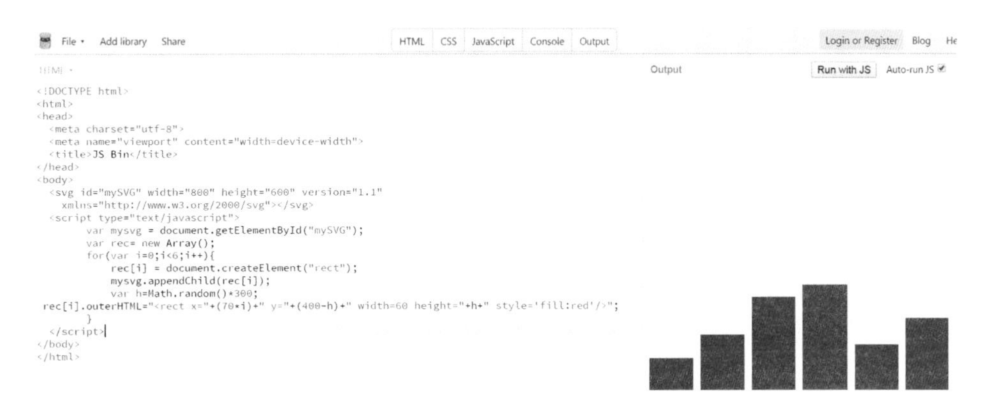

图 2-8　调整矩形的 y 坐标

第七步，调整直方图的色彩。

绘制蓝色直方图，调整<rect>填充的色彩style='fill:rgb(0,0,255)'，运行结果见图2-9。

程序编号：CH2/Histogram.htm（代码片段-7）

```
rec[i].outerHTML="<rect x="+(60*i)+" y="+(400-h)+" width=55 height="+h+"
style='fill:rgb(0,0,255)'/>";
```

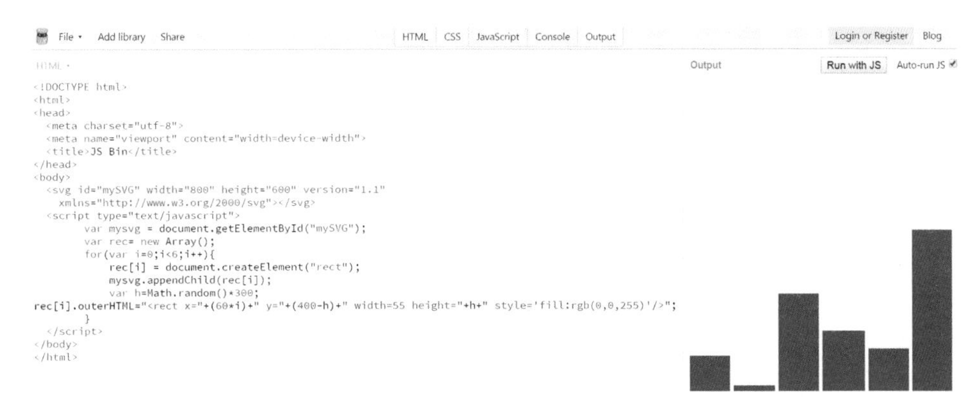

图 2-9　调整矩形的色彩为纯色

在可视化实例中，色彩往往被数量指标调制，运行结果见图2-10。

程序编号：CH2/Histogram.htm（代码片段 –8）

```
rec[i].outerHTML="<rect x="+(60*i)+" y="+(400-h)+" width=55 height="+h+" 
style='fill:rgb(0,0,"+Math.floor(h)+")'/>";
```

图 2–10　用直方图对应的数值调制矩形的色彩

为了取得绚丽的效果，用随机数大小调制色彩。运行结果见图 2–11。

程序编号：CH2/Histogram-2.htm（代码片段 –9）

```
var r=Math.floor(Math.random()*255);
var g=Math.floor(Math.random()*255);
var b=Math.floor(Math.random()*255);
rec[i].outerHTML="<rect x="+(45*i)+" y="+(400-h)+" width=42 height="+h+" 
style='fill:rgb("+r+","+g+","+b+")'/>";
```

```
<!DOCTYPE html>
<html>
<head>
  <meta charset="utf-8">
  <meta name="viewport" content="width=device-width">
  <title>JS Bin</title>
</head>
<body>
  <svg id="mySVG" width="800" height="600" version="1.1"
    xmlns="http://www.w3.org/2000/svg"></svg>
  <script type="text/javascript">
        var mysvg = document.getElementById("mySVG");
        var rec= new Array();
        for(var i=0;i<6;i++){
            rec[i] = document.createElement("rect");
            mysvg.appendChild(rec[i]);
            var h=Math.random()*255;
            var r=Math.floor(Math.random()*255);
            var g=Math.floor(Math.random()*255);
            var b=Math.floor(Math.random()*255);
rec[i].outerHTML="<rect x="+(45*i)+" y="+(400-h)+" width=42 height="+h+" style='fill:rgb("+r+","+g+","+b+")'/>";
        }
  </script>
</body>
</html>
```

图 2–11　用随机色调制矩形的色彩

第八步，直方图添加文字。

在 SVG 区域添加文字使用 <text>，类似于添加 <rect>，即创建、在 SVG 节点下添加子节点，以及设置 <text> 的坐标和文本内容。此处注意 <text> 的坐标起点在文本的左下角，运行结果如图 2–12。

程序编号：CH2/Histogram-3.htm

```
<html>
  <head>
     <title>直方图</title>
  </head>
  <body>
     <svg id="mySVG" width="800" height="600" version="1.1"></svg>
     <script type="text/javascript">
        var mysvg = document.getElementById("mySVG");
        var rec= new Array();
        var txt=new Array();
        for(var i=0;i<6;i++){
            rec[i] = document.createElement("rect");
            txt[i] = document.createElement("text");
            mysvg.appendChild(rec[i]);
            mysvg.appendChild(txt[i]);
            var h=Math.random()*255;
            var r=Math.floor(Math.random()*255);
            var g=Math.floor(Math.random()*255);
            var b=Math.floor(Math.random()*255);
            rec[i].outerHTML="<rect x="+(45*i)+" y="+(400-h)+" width=42
height="+h+" style='fill:rgb("+r+","+g+","+b+")'/>";
            txt[i].outerHTML="<text x="+(10+45*i)+"
y="+(400-h)+">"+Math.floor(h)+"</text>";
        }
     </script>
  </body>
</html>
```

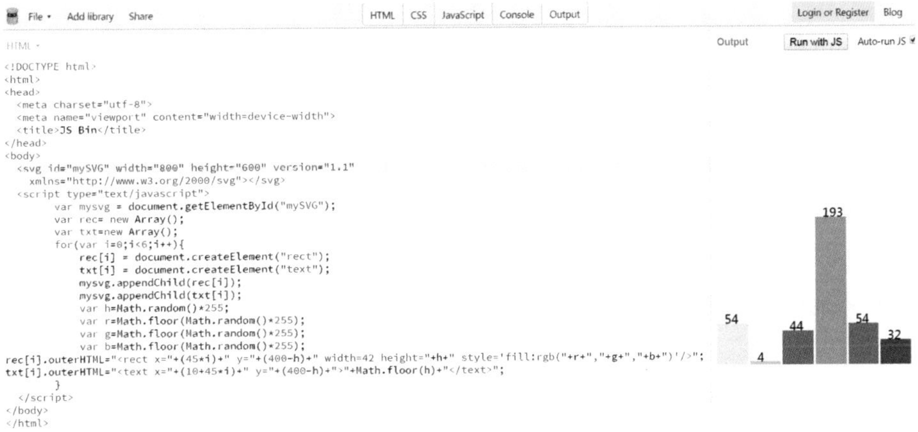

图 2–12　直方图添加文字

第二节　递归二叉树

用JavaScript递归绘制二叉树，主要用到SVG的直线元素line，在添加随机性后，可以生成一棵在动画中使用的仿真树。

一、分形理论概述

1967年，美籍数学家本华·曼德博（Benoit B. Mandelbrot，1924–2010，图2–13）在《科学》杂志上发表了题为《英国的海岸线有多长？统计自相似和分数维度》（*How Long Is the Coast of Britain? Statistical Self-Similarity and Fractional Dimension*）的著名论文。提出海岸线在形貌上是自相似的，也就是局部形态和整体形态的相似。1975年，曼德博创立了分形几何学（Fractal Geometry），形成了研究分形性质及其应用的科学，称为分形理论。

图2–13　本华·曼德博

曼德博在《大自然的分形几何学》中这样描述大自然中的分形："云不是球体，山不是圆锥体，海岸线不是圆，树皮不是光滑的，闪电传播的路径也不是直线。"也就是说，自然界某些事物和现象具有局部和整体的自相似性，这种自相似包括完全自相似和统计自相似。

二、分形二叉树

图2–14是递归算法二叉树，它由一截线段首尾相接旋转生成，左边的树完全自相似，右边的树统计自相似。

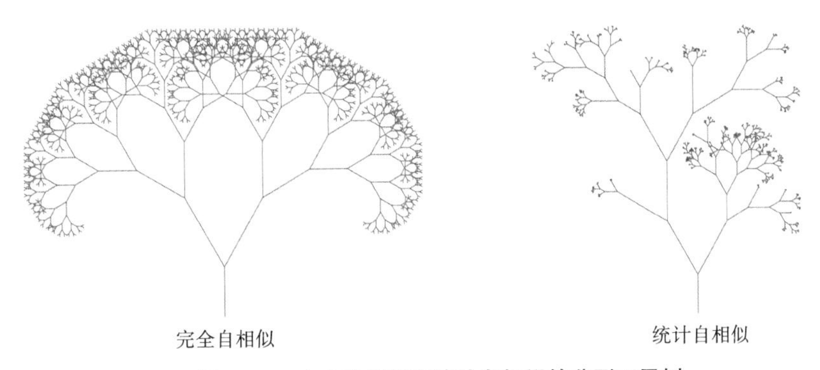

图 2-14　完全自相似和统计自相似的分形二叉树

递归实现。根据起点（x1,y1）和终点（x2,y2）绘制一个线段，其长度为length，然后将终点作为起点，并对直线旋转一个角度angle，把线段长度衰减一个系数rate，根据旋转角度和衰减系数，新的终点（x2,y2）可以通过计算得到。算法见图2-15。

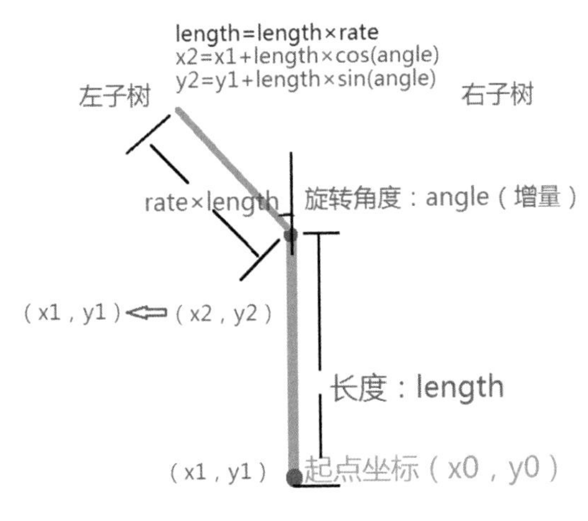

图 2-15　递归示意图

（一）标准递归二叉树

本例绘制了一个线段长度为length=200、衰减系数为0.6、第一截线段的起点为屏幕中间下端开始处、迭代次数count=7的二叉树，运行结果见图2-16。

递归函数的处理流程：

a) 计算线段的起止坐标（x1,y1）和（x2,y2）；

b) 创建线段document.createElement(“line”)；

c) 线段添加到SVG绘图区；

d) 设置线段的属性和样式；

e) 计算左旋角度和右旋角度，此处计算的是增量的连续旋转，即累加的左旋和右旋角度；

f) 满足小于迭代次数，则继续绘制左旋后的线段和右旋后的线段。

递归算法是深度优先的，也即二叉树是先绘制左子树，再绘制右子树。程序见CH2/BinTree.htm，在JSBin中运行结果见图2-16。

程序编号：CH2/BinTree.htm

```
<html>
    <head>
        <title>
            标准分形二叉树
        </title>
    </head>
    <body>
        <svg id="mySvg" width=800 height=600 ></svg>
        <script>
            var w=window.innerWidth|| document.documentElement.clientWidth||
document.body.clientWidth;     //获取屏幕宽度
            var h=window.innerHeight|| document.documentElement.clientHeight||
document.body.clientHeight;    //获取屏幕高度
            var mysvg = document.getElementById("mySvg");
            mysvg.setAttribute("width",w*0.9);    //修改SVG的宽度
            mysvg.setAttribute("height",h*0.9);   //修改SVG的高度
            var length=200;                       //起始长度
            rate=0.6;                             //衰减系数
            var x0=w/2;                           //第一截线段的起点(x0,y0)
            var y0=h;
            var count=7;                          //迭代次数
            var iter=0;
            //定义递归二叉树函数
            function show(x0,y0,length,rate,a,count){
                var iter++;
                var x1=x0;
                var y1=y0;
                var x2=x1+length*Math.cos(a);
                var y2=y1+length*Math.sin(a);
                svgline= document.createElement("line");
                mysvg.appendChild(svgline);
                svgline.outerHTML="<line x1="+x1+" y1="+y1+" x2="+x2+"
y2="+y2+" style='stroke:rgb(99,99,99);stroke-width:2' />";
                var aL=a-Math.PI/4;
                var aR=a+Math.PI/4;
                if(count>0){
```

```
                    show(x2,y2,length*rate,rate,aL,count-1);
                    show(x2,y2,length*rate,rate,aR,count-1);
                }
            }
            //调用递归二叉树函数
            show(x0,y0,length,rate,-Math.PI/2,count);
        </script>
    </body>
</html>
```

File ▾ Add library Share　　HTML CSS JavaScript Console Output　　Login or Register Blog He

```
  <title>JS Bin</title>
</head>
<body>
  <svg id="mySvg" width=800 height=600 ></svg>
      <script>
        var w=window.innerWidth|| document.documentElement.clientWidth|| document.body.clientWidth;
        var h=window.innerHeight|| document.documentElement.clientHeight|| document.body.clientHeight;
        var mysvg = document.getElementById("mySvg");
        mysvg.setAttribute("width",w*0.9);
        mysvg.setAttribute("height",h*0.9);
        var length=120;
        rate=0.6;
        var x0=w/2;
        var y0=h;
        var count=7;
        function show(x0,y0,length,rate,a,count){
            var x1=x0;
            var y1=y0;
            var x2=x1+length*Math.cos(a);
            var y2=y1+length*Math.sin(a);
            svgline= document.createElement("line");
            mysvg.appendChild(svgline);
svgline.outerHTML="<line x1="+x1+" y1="+y1+" x2="+x2+" y2="+y2+" style='stroke:rgb(99,99,99);stroke-width:2' />";
            var aL=a-Math.PI/4;
            var aR=a+Math.PI/4;
            if(count>0){
                show(x2,y2,length*rate,rate,aL,count-1);
                show(x2,y2,length*rate,rate,aR,count-1);
            }
        }
        show(x0,y0,length,rate,-Math.PI/2,count);
      </script>
</body>
</html>
```

Output　Run with JS　Auto-run JS

Bin info
just now

图 2–16　标准递归二叉树

（二）角度随机的二叉树

在标准二叉树上为线段添加随机部分，代码CH2/BinTree-2.htm中线段长度的一半由随机数控制，左旋角度和右旋角度的一半由随机数控制。用迭代次数count来控制线段的粗细stroke-width，并用迭代次数iter控制色彩的绿色成分，运行结果见图2–17。

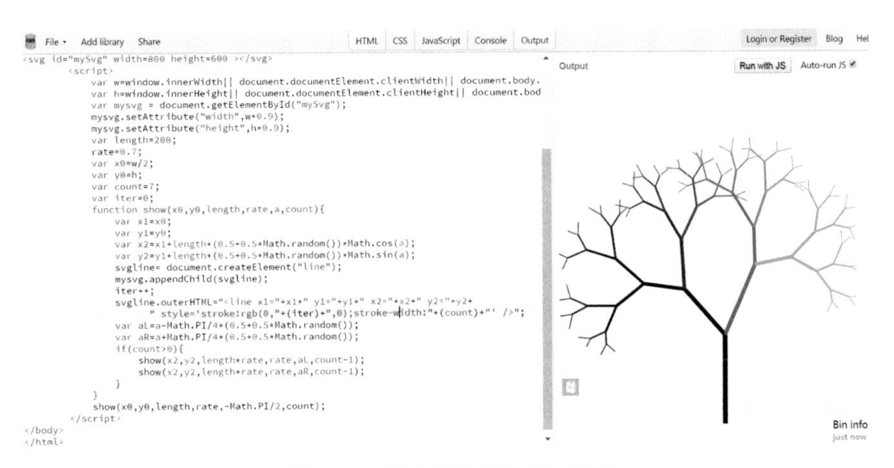

图 2–17　带有随机的递归二叉树

程序编号：CH2/BinTree-2.htm（代码片段）

```
var x2=x1+length*(0.5+0.5*Math.random())*Math.cos(a);   //线段的长度添加随机
var y2=y1+length*(0.5+0.5*Math.random())*Math.sin(a);   //线段的长度添加随机

var aL=a-Math.PI/4*(0.5+0.5*Math.random());                   //左旋旋转角度添加随机
var aR=a+Math.PI/4*(0.5+0.5*Math.random());                   //右旋旋转角度添加随机

svgline.outerHTML="<line x1="+x1+" y1="+y1+" x2="+x2+" y2="+y2+"
style='stroke:rgb(0,"+(iter)+",0);stroke-width:"+(count)+"' />";
```

三、仿真二叉树

图2–18是用JavaScript和SVG生成的仿真树，可以应用在动画和游戏作品中用算法辅助生成场景。完整的程序见CH12/Willow.htm。

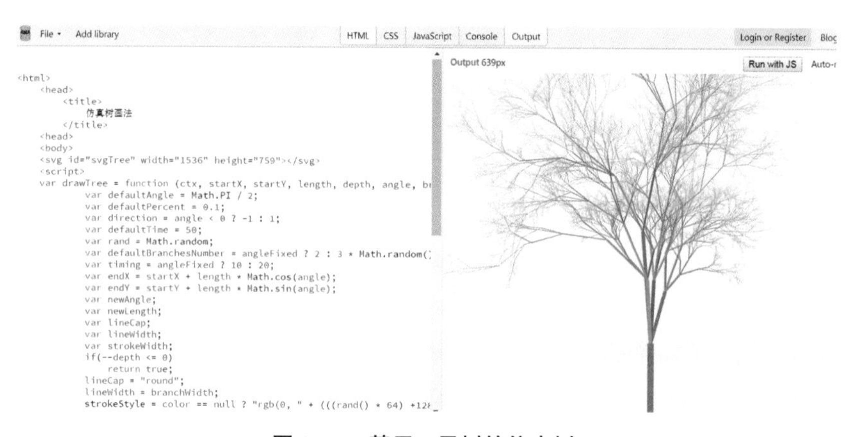

图 2–18　基于二叉树的仿真树

下面说明如何在二叉树基础上绘制一棵仿真树，有人说像柳树，有人说像竹子，大致上它比较像一棵春天的树。

参数说明：

函数是用于画枝条的，每次调用画一个枝条，递归调用。

ctx：是svg元素节点，用于添加枝条子节点(line)，是整个树的容器。

startX，startY：是当前枝条的起始位置，因为函数是递归调用，所以每个枝条的起始是前一个枝条的末端位置。

length：是当前枝条的长度，随机生成，随深度递减。

depth：是树的深度，表示有多少层枝条，代码中为12层。

angle：是当前枝条的偏移角度，随机生成。

branchWidth：是当前枝条的宽度，随深度递减。

angleFixed：因为树干的偏移角度不会太大，所以当画的枝条为树干（深度小于3）

时，此参数为true。

color：当前枝干的颜色，如果为null会用默认值。

程序编号：CH2/Willow.htm

```
<html>
    <head>
        <title>
            仿真树画法
        </title>
    <head>
    <body>
    <svg id="svgTree" width="1536" height="759"></svg>
    <script>
    var drawTree = function (ctx, startX, startY, length, depth, angle, branchWidth,
angleFixed, color) {
            var defaultAngle = Math.PI / 2;
            var defaultPercent = 0.1;
            var direction = angle < 0 ? -1 : 1;
            var defaultTime = 50;
            var rand = Math.random;
            var defaultBranchesNumber = angleFixed ? 2 : 3 * Math.random() + 1;
            var timing = angleFixed ? 10 : 20;
            var endX = startX + length * Math.cos(angle);
            var endY = startY + length * Math.sin(angle);
            var newAngle;
            var newLength;
            var lineCap;
            var lineWidth;
            var strokeWidth;
            if(--depth <= 0)
                return true;
            lineCap = "round";
            lineWidth = branchWidth;
            strokeStyle = color == null ? "rgb(0, " + (((rand() * 64) +128) >>0) + ",0)" :
color;
            var func = function(mStartX, mStartY, mEndX, mEndY){
                var aLine = document.createElement("line");
                ctx.appendChild(aLine);
                aLine.outerHTML = "<line x1="+mStartX+" y1="+mStartY+"
x2="+mEndX+" y2="+mEndY+" style='stroke:"+ strokeStyle
+";stroke-width:"+lineWidth+"' />";
            };
            func(startX, startY, endX, endY);
```

```
            branchWidth *= 0.55;
            for(var i = 0; i < defaultBranchesNumber; i++){
                newAngle = angleFixed ? i == 0 ? angle + defaultAngle / 3 : angle +
defaultAngle / -3 : angle + defaultAngle * rand() - defaultAngle / 2;
                newLength = angleFixed ? length * 0.7 : length * (rand() * 0.55 + 0.4);
                if(depth == mDepth - 1 && !angleFixed)
                    newAngle = defaultAngle * direction * (rand() * 0.3 + 0.8);
                setTimeout(function (funcAngle, funcLength) {
                        drawTree(ctx, endX, endY, funcLength, depth, funcAngle,
branchWidth, angleFixed, color);
                }, timing, newAngle, newLength)
            }
        };

        // 获取svg节点
        var svgTree = document.getElementById("svgTree");
        // 定义树的深度为12
        var mDepth = 12;
        // 开始画树，函数自身递归调用自己
        setTimeout(function () {
                drawTree(svgTree, 750, 700, 170, mDepth, Math.PI / -2, 9, false, null);
        }, 0);
    </script>
    </body>
    </html>
```

HTML DOM setTimeout(code,millisec)方法用于在指定的毫秒数（参数millisec）后调用函数或计算表达式（参数code）。

第三节　树状词云

上节实现了分形二叉树，本节基于二叉树的递归算法生成一种文字树，或称为树状词云图。主要练习在SVG中如何绘制文本。

一、文字树

将二叉树的线段绘制成文字，运行结果见图2-19。此例，由二叉树逐步修改生成文字树。

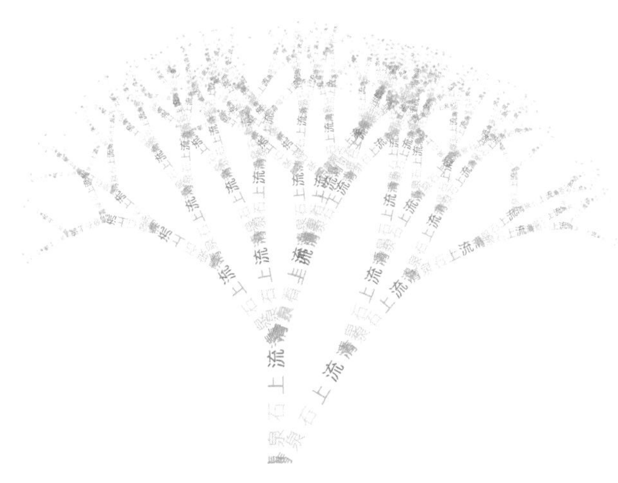

图 2-19　基于二叉树的文字树

从二叉树到文字树的修改步骤：

a) SVG 中的画线 <line> 改为添加文本 <text>；

b) <line> 的旋转方向，改为 <text> 的旋转；

c) 根据字号 font-size 和字数 str.length 计算下次迭代的文字基线坐标（x,y）。

递进修改程序见 CH2/TextTree.htm，在 JSBin 中的运行结果见图 2-20。

程序编号：CH2/TextTree.htm

```
<!DOCTYPE html>
<html>
<head>
  <meta charset="utf-8">
  <meta name="viewport" content="width=device-width">
  <title>JS Bin</title>
</head>
<body>
<svg id="mySvg" width=800 height=600 ></svg>
        <script>
            var w=window.innerWidth|| document.documentElement.clientWidth||
document.body.clientWidth;
            var h=window.innerHeight|| document.documentElement.clientHeight||
document.body.clientHeight;
            var mysvg = document.getElementById("mySvg");
            mysvg.setAttribute("width",w*0.96);
            mysvg.setAttribute("height",h*0.9);
            var length=150;
            rate=0.7;
```

```
            var x0=w/2;
            var y0=h;
            var count=7;
            var str="依依袅袅复青青";
            function show(x0,y0,length,rate,a,count){
                var x1=x0;
                var y1=y0;
                var x2=x1+length*Math.cos(a);
                var y2=y1+length*Math.sin(a);
                var myText=document.createElement("text");
                mysvg.appendChild(myText);
myText.outerHTML="<text x="+(x1)+" y="+y1+
" style='fill:green;font-size:"+(count*2)+"'>"+str+"</text>";
                var aL=a-Math.PI/4*(0.5+0.5*Math.random());
                var aR=a+Math.PI/4*(0.5+0.5*Math.random());
                if(count>0){
                    show(x2,y2,length*rate,rate,aL,count-1);
                    show(x2,y2,length*rate,rate,aR,count-1);
                }
            }
            show(x0,y0,length,rate,-Math.PI/2,count);
        </script>
</body>
</html>
```

图 2-20　二叉树修改为文字树（线段改文字）

二、文字旋转

进一步旋转文字。旋转文字的参数控制总结在表2-1中。文字旋转的程序见CH2/TextRotate.htm，各种不同运行结果见表2-1。

表 2–1　旋转的参数及效果比较

参　数	效　果
<text x=10 y=50 font-size=40> 春江花月夜  </text> <!DOCTYPE html> <html> <head> <meta charset="utf-8"> <meta name="viewport" content="width=device-width"> <title>JS Bin</title> </head> <body> <svg id="mySvg" width=800 height=600 > <text x=10 y=50 font-size=40>春江花月夜</text> </svg> </body> </html>	不旋转
<text x=10 y=50 rotate=90 font-size=40> 春江花月夜 </text> <!DOCTYPE html> <html> <head> <meta charset="utf-8"> <meta name="viewport" content="width=device-width"> <title>JS Bin</title> </head> <body> <svg id="mySvg" width=800 height=600 > <text x=10 y=50 rotate=90 font-size=40 fill=blue>春江花月夜</text>  </svg> </body> </html>	逐字旋转
<text x=10 y=50 transform=’ rotate(90,10,50)’ font-size=40 fill=red> 春江花月夜 </text> <!DOCTYPE html> <html> <head> <meta charset="utf-8"> <meta name="viewport" content="width=device-width"> <title>JS Bin</title> </head> <body> <svg id="mySvg" width=800 height=600 > <text x=10 y=50 transform='rotate(90,10,50)' font-size=40 fill=red>春江花月夜</text>  </svg> </body> </html>	以点为中心旋转 rotate(90,10,50) rotate(R,X,Y) 以（X,Y）为中心旋转 R 度（R 为度数）
<text x=200 y=200 font-size=40 fill=blue> 春江花月夜 </text> <text x=200 y=200 rotate=90 font-size=40 fill=green> 春江花月夜 </text> <text x=200 y=200 transform=’ rotate(90,200,200)’ font-size=40 fill=red> 春江花月夜 </text> <text x=200 y=200 transform=’ rotate(45,200,200)’ font-size=40 fill=orange> 春江花月夜 </text> <text x=200 y=200 transform=’ rotate(45,0,0)’ font-size=40 fill=purple> 春江花月夜 </text> <!DOCTYPE html> <html> <head> <meta charset="utf-8"> <meta name="viewport" content="width=device-width"> <title>JS Bin</title> </head> <body> <svg id="mySvg" width=800 height=600 > <line x1=0 y1=200 x2=400 y2=200 stroke=blue /> <line x1=200 y1=0 x2=200 y2=400 stroke=blue /> <text x=200 y=200 font-size=40 fill=blue>春江花月夜</text> <text x=200 y=200 rotate=90 font-size=40 fill=green>春江花月夜</text> <text x=200 y=200 transform='rotate(90,200,200)' font-size=40 fill=red>春江花月夜</text> <text x=200 y=200 transform='rotate(45,200,200)' font-size=40 fill=orange>春江花月夜</text> <text x=200 y=200 transform='rotate(45,0,0)' font-size=40 fill=purple>春江花月夜</text>  </svg> </body> </html>	旋转比较 不旋转 逐字旋转 围绕点（200,200）旋转 90 度 围绕点（200,200）旋转 45 度 围绕点（0,0）旋转 45 度

对旋转有了深入了解后，实现对文字的旋转就可以比较随意了，文字树的文字要以自己的基线坐标（x1,y1）为中心旋转。旋转结果见图2-21。

程序编号：CH2/TextTree.htm（代码片段）

```
myText.outerHTML="<text x="+(x1)+" y="+y1+
" style='fill:green;font-size:"+(count*2)+ "'
transform='rotate(90,"+x1+","+y1+")' >"+str+"</text>";
```

图 2-21　文字旋转 90 度

下面将代码进一步实现像二叉树一样旋转，运行结果见图2-22

程序编号：CH2/TextTree.htm（代码片段）

```
myText.outerHTML="<text x="+(x1)+" y="+y1+
   " style='fill:green;font-size:"+(count*2)+
   "' transform='rotate("+(a*180/Math.PI)+","+x1+","+y1+")' >"+str+"</text>";
```

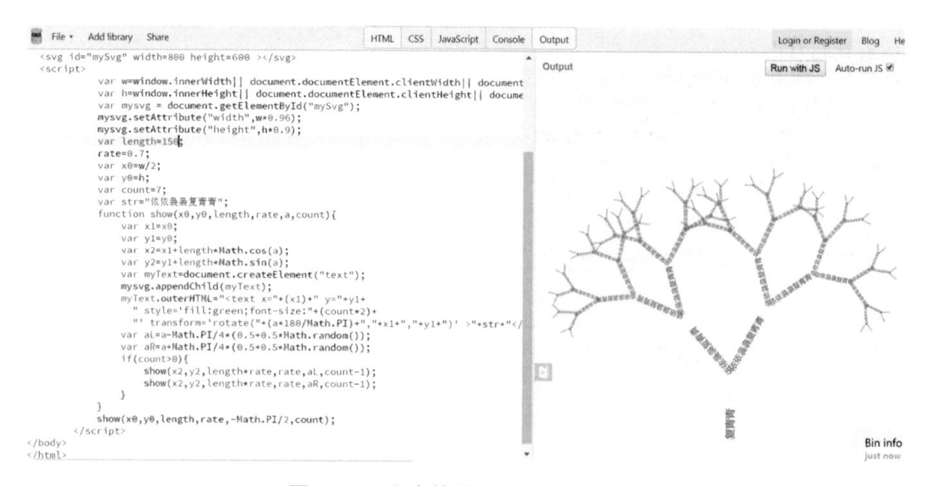

图 2-22　文字按照二叉树角度旋转

进一步实现文字首尾相接。本例中，文字的字号 fontsize=count*2，文字字符串占用的长度 length=str.length*fontsize。为清楚起见，再次给出完整的代码 CH2/TextTreeOK.htm，运行结果见图 2-23。

程序编号：CH2/TextTreeOK.htm

```
<html>
<head>
  <title>JS Bin</title>
</head>
<body>
<svg id="mySvg" width=800 height=600 ></svg>
        <script>
            var w=window.innerWidth|| document.documentElement.clientWidth||
document.body.clientWidth;
            var h=window.innerHeight|| document.documentElement.clientHeight||
document.body.clientHeight;
            var mysvg = document.getElementById("mySvg");
            mysvg.setAttribute("width",w*0.96);
            mysvg.setAttribute("height",h*0.99);

            var rate=0.7;
            var x0=w/2;
            var y0=h;
            var count=7;
            var str="依依袅袅复青青";
            var fontsize=30;
            var length=str.length*fontsize;
            function show(x0,y0,length,rate,a,count){
                var x1=x0;
                var y1=y0;
                fontsize=count*2;
                length=str.length*fontsize;
                var x2=x1+length*Math.cos(a);
                var y2=y1+length*Math.sin(a);
                var myText=document.createElement("text");
                mysvg.appendChild(myText);
                myText.outerHTML="<text x="+(x1)+" y="+y1+
                  " style='fill:green;font-size:"+(count*2)+
"' transform='rotate("+(a*180/Math.PI)+","+x1+","+y1+")' >"+str+"</text>";
                var aL=a-Math.PI/4*(0.5+0.5*Math.random());
                var aR=a+Math.PI/4*(0.5+0.5*Math.random());
                if(count>0){
```

```
                    show(x2,y2,length*rate,rate,aL,count-1);
                    show(x2,y2,length*rate,rate,aR,count-1);
                }
            }
            show(x0,y0,length,rate,-Math.PI/2,count);
        </script>
</body>
</html>
```

图 2-23　文字对齐首尾相接的文字树

三、苹果文字树

在前面的基础上，通过调整色彩，在最后两次迭代时添加了<circle>元素，绘制出了一棵文字苹果树。修改的代码用底色标出。单株的树过于稀疏，因此多加了两次调用递归函数，左倾一棵，右边倾斜画一棵，程序见CH2/AppleTree.htm，运行结果见图2-24。

程序编号：CH2/AppleTree.htm

```
<!DOCTYPE html>
<html>
<head>
  <meta charset="utf-8">
  <meta name="viewport" content="width=device-width">
  <title>JS Bin</title>
</head>
<body>
<svg id="mySvg" width=800 height=600 ></svg>
        <script>
```

```
            var w=window.innerWidth|| document.documentElement.clientWidth||
document.body.clientWidth;
            var h=window.innerHeight|| document.documentElement.clientHeight||
document.body.clientHeight;
            var mysvg = document.getElementById("mySvg");
            mysvg.setAttribute("width",w*0.96);
            mysvg.setAttribute("height",h*0.99);

            var rate=0.7;
            var x0=w/2;
            var y0=h;
            var count=7;
            var str="依依袅袅复青青";
            var fontsize=40;
            var length=str.length*fontsize;
            var iter=0
            function show(x0,y0,length,rate,a,count){
                iter++;
                var x1=x0;
                var y1=y0;
                fontsize=count*3;
                length=str.length*fontsize;
                var x2=x1+length*Math.cos(a);
                var y2=y1+length*Math.sin(a);
                var myText=document.createElement("text");
                mysvg.appendChild(myText);
      myText.outerHTML="<text id="+iter+" x="+(x1)+" y="+y1+"
style='fill:rgb(0,"+Math.floor(255*Math.random())+",0);font-size:"+(fontsize)+
"' transform='rotate("+(a*180/Math.PI)+","+x1+","+y1+")' >"+str+"</text>";
                var aL=a-Math.PI/4*(0.5+0.5*Math.random());
                var aR=a+Math.PI/4*(0.5+0.5*Math.random());
                if (count<=1){
                    var myCircle=document.createElement("circle");
                    mysvg.appendChild(myCircle);
myCircle.outerHTML="<circle cx="+x1+" cy="+y1+" r="+(6*Math.random())+" fill='red'/>"
                }
                if(count>0){
                    show(x2,y2,length*rate,rate,aL,count-1);
                    show(x2,y2,length*rate,rate,aR,count-1);
                }
            }
            show(x0,y0,length,rate,-Math.PI/2,count);
```

```
            show(x0,y0,length,rate,-Math.PI*7/16,count);
            show(x0,y0,length,rate,-Math.PI*9/16,count);
        </script>
</body>
</html>
```

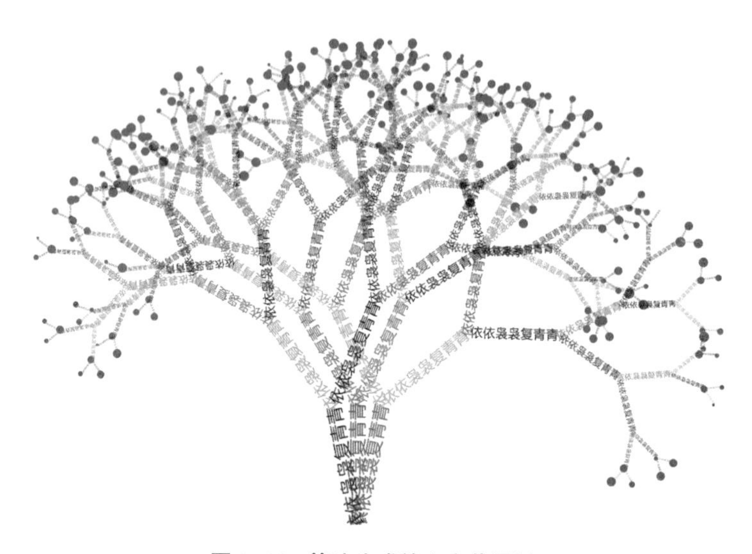

图 2–24　算法生成的文字苹果树

小结

本章用JavaScript和SVG实现绘图。以直方图、二叉树和树状词云3个例子，讲述了SVG基本的绘图元素矩形、线段和文字的使用，以洞悉数据可视化的原理。

3 CHAPTER

第三章 D3 数据可视化基础

D3JS是当前全球最流行的数据可视化API，它设计精巧，功能强大，广泛应用于各种Web开发的可视化系统中。D3将强大的可视化、动态交互和数据驱动的DOM操作方法完美结合，让Web程序员可以充分发挥浏览器的功能，自由地设计炫丽的可视化界面。但需要明确的一点是，D3不是一种语言，而是JS的一个封装API。本章概述了D3的基本内容，如数据绑定、与JavaScript绘图的比较、JSON文件格式的使用。

第一节　D3 可视化 API 概述

一、D3简介

D3是Data-Driven Documents（数据驱动文档）的简称。D3JS是一个用来使用Web标准做数据可视化的JavaScript库[9]。D3综合使用SVG、Canvas、CSS和HTML技术，让数据变得生动有趣。

Web交互可视化通常需要同时使用多项技术，HTML用于显示页面内容，CSS用于设计样式，JavaScript用于交互，SVG用于绘制，DOM以层次结构展现页面内容，并使得这些技术能够相互协作。D3是在综合考虑表现多样性、效率和可访问性的基础上设计实现的Web可视化API。

D3并没有引入新的图形化语法，只是解决了一个更小的问题：有效地操作基于数据的文档。D3的核心贡献在于设计了一个可视化的“内核”，类似于jQuery、CSS及XSLT这样的文档转换器（Document Transformer）。低层次上，D3的文档模型直接操作图形原语，这一点类似于Processing和Raphaël。而在高层抽象上，D3包含了一系列内核之上的辅助模块，这些模块借鉴了许多可视化系统的优点。

D3使用了Selection这一概念，用谓词“选择器”定位一个元素的集合，然后赋予一系列的操作来改变被选元素的值。这一概念起源于CSS，而jQuery提供了更灵活的控制接口。然而，在数据可视化时，通常需要添加或删除一些元素（Element），但jQuery缺乏这种动态改变的机制。基于XML的XSLT虽然允许用户按照定义好的模板填充数据并生成HTML，但是没有高级的可视化抽象，无法灵活地处理繁杂的交互可视化任务。

Protovis和D3都是基于JavaScript宿主语言，采用声明式语言（DSL）描述式可视化设计。开发者告诉DSL需要什么样的计算结果，而不需要知道结果是如何计算的。HTML/CSS以及SQL都是DSL的典型代表。

二、D3的版本

D3JS V1.0版本是由Michael Bostock于2011年2月18日发布的，其后经过多人的不断完善，目前最新的版本是5.1.0，可以到D3官网（http://d3js.org）下载。D3JS主页如图3-1所示。D3JS 在全球范围内不断有人尝试并制作教程，丰富了其可视化布局和应用场景。

D3是目前最流行的数据可视化库，同时是Github上前端API排行第二的（仅次于Bootstrap）库，它比Processing这样的底层绘图库更简单，比Echarts这样高度封装的图表库更自由。D3基于开源协议BSD-3-Clause3，可以免费用于商业项目。源码托管在GitHub上，有大量用户二次开发的案例图库和源代码。

图 3-1 D3JS 的官网

三、基本功能

D3的功能模块包括：核心函数、比例尺、基本矢量图形、时间、布局、地理、几何和交互等8个大类。实际上围绕应用讲，都和布局相关。

参考自D3官方文档的D3 API概览如下[10-11]：

核心：包括选择器、过渡、数据处理、本地化、颜色等。

地理：球面坐标、经纬度运算。

几何：提供绘制2D几何图形的实用工具。

布局：推导定位元素的辅助数据。

比例尺：数据编码和视觉编码之间转换。

可缩放矢量图形：提供用于创建可伸缩矢量图形的实用工具。

时间：解析或格式化时间，计算日历的时间间隔等。

行为：可重用交互行为。

D3处理可视化的流程如下：把数据加载到浏览器的内存空间；把数据绑定到DOM文档中的元素，根据需要创建新元素；解析每个元素的数据范围并设置可视化属性，实现元素的变换（transforming）；响应用户输入实现元素状态的过渡（transitioning）。

使用D3的过程就是描述如何加载数据、绑定数据、变换数据、布局方式和过渡元素的过程。变换指从一个数量空间映射到可视化的可见数值空间。

四、D3图形与布局

由于D3不是一种独立的语言，它能绘制的基本图形都是SVG和Canvas中的基本图形。但是D3又被设计为一个“魔术师”，它能绘制特别复杂炫丽的组合图形，如直方图类（直方图、堆栈图）、饼图类（饼图、环图、玫瑰图）、弦图、折线图、树形图、力导向、词云图、地图等。可以比较概括地说，D3可视化除了力导向图和词云图属于比较复杂的布局算法外，其他的可视化布局形式都是基于基本的初等几何空间计算绘制生成。

五、D3的设计

D3的原子操作是Selection：从当前文档中提取元素（Element）集合。操作符（Operator）作用于Selection之上，用于修改元素内容。数据联合（Data Joins）将输入数据绑定到元素，使得操作符能够操纵相关的数据。这一过程产生了进入（Enter）及退出（Exit）两个子选择，分别用于创建和断开DOM元素与数据之间的对应关系。动画式的转换（Transitions）可以对属性及样式进行插值处理，运动变化更平滑。事件处理器（Event handlers）则用于响应用户的输入并交互。大量的辅助模块（Modules），如布局、缩放简化了一些常用的可视化操作。

D3库所提供的所有API都在D3命名空间下。D3库使用语义版本命名法（semantic versioning）。在Chrome浏览器控制台可以用D3.version查看当前的版本信息。

六、加载D3的API

使用D3要加载它的API，可以使用在线库，但是强烈建议使用本地库，原因：第一，本地库加载速度快；第二，如果是在局域网使用的软件，不允许访问互联网、无法加载官方在线库，软件的可视化功能失效。在调试状态下建议使用d3.v3.js，在运行环境中使用d3.v3.min.js，后者经过压缩下载更快。加载官网的D3库，代码如下。其中d3.v3.min.js的代码如图3-2所示，这是一个文本格式的.js文件，可以直接下载到本地。所有在JSBin中运行的程序都必须使用官方在线库。

```
<script src="http://d3js.org/d3.v3.min.js" charset="utf-8"></script>
```

加载下载到本地的D3库，代码如下：

```
<script src="d3.v3.min.js" charset="utf-8"></script>
```

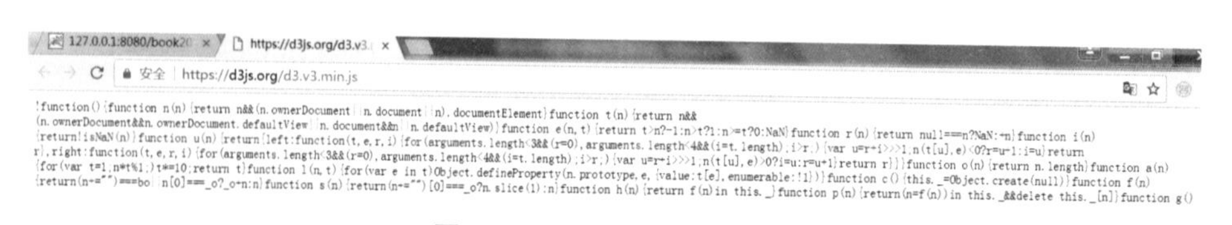

图 3-2　d3.v3.min.js 的代码

第二节　D3 数据绑定

数据是可视化的基础，同时，数据和承载它的元素往往密不可分。D3提供了方便的元素选择器和数据绑定的API，可以便捷地将数据与目标元素绑定在一起，实现数据可视化。

一、元素选择：Select与SelectAll

D3的API有两个函数选择元素，分别是Select和SelectAll。

（一）Select函数

Select以CSS选择器或已经被DOM API选择的元素为参数，选择其中的第一个元素并返回。以下选择语句均合法：

```
d3.select("p");                                   //选择第一个p元素
d3.select("#namei");                              //选择id为namei的元素
d3.select(".namei");                              //选择类为namei的第一个元素

var namei=document.getElementById("namei");  //select也可以把已经被DOM
d3.select(namei);                                 //API 选择的元素作为参数
```

以d3.select("p")为例，一个简单的页面内容见代码selection.htm，程序运行结果见图3–3。

程序编号：CH3/Selection.htm

```
<html>
     <head>
         <script src="http://d3js.org/d3.v3.min.js" charset="utf-8"></script>
     </head>
<body>
    <p>This is a test.</p>
    <p>Hello World</p>
    <script>
        var temp=d3.select("p");
        console.log(temp);
    </script>
</body>
</html>
```

Body元素下有两个子元素p，在JSBin中运行结果如下：

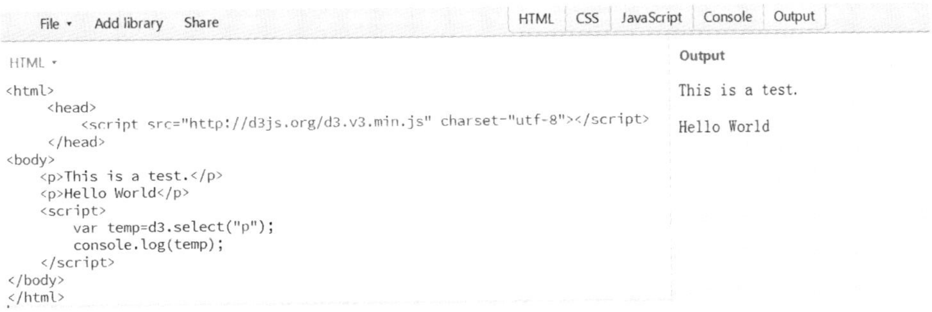

```
File ▾   Add library   Share                HTML | CSS | JavaScript | Console | Output
HTML ▾                                                          Output
<html>                                                          This is a test.
    <head>
        <script src="http://d3js.org/d3.v3.min.js" charset="utf-8"></script>   Hello World
    </head>
<body>
    <p>This is a test.</p>
    <p>Hello World</p>
    <script>
        var temp=d3.select("p");
        console.log(temp);
    </script>
</body>
</html>
```

图3–3 d3.select("p")只选择了第一个<p>元素

（二）SelectAll 函数

SelectAll与Select的参数相似，区别是，Select选取的是一个元素，如果有多个元素满足条件，则选取第一个元素；SelectAll选取的是多个元素。

二、选择集

元素选择d3.select，d3.selectAll返回的对象称为选择集，选择的目的是为了操作这些元素。

（一）设置和获取选择集属性

语法：`selection.attr(name[,value])`

设置或获取选择集的属性，name是属性名，value是属性值。如果有属性值，则把对应属性名更改为该属性值；否则返回当前属性值。

语法：`selection.classed(name[,value])`

设置或获取选择集的CSS类，name是类名，value是布尔值，表示该类是否开启。

语法：`selection.style(name[,value[,priority]])`

设置或获取选择集的样式，name是样式名，value是样式值，priority是优先级。

语法：`selecion.text([value])`

设置或获取选择集的文本内容，value是属性值；若省略value则返回当前文本内容。

（二）添加、插入、删除元素

语法：`selection.append(name)`

在选择集的末尾添加一个元素，name是元素名称。

语法：`selection.insert(name[,before])`

在选择集中的指定元素之前插入一个元素。name是被插入元素的名称，before是指定元素的CSS选择器名称。

语法：`selection.remove()`

删除选择集的元素。

三、数据绑定

D3提供了两个数据绑定的函数，分别是datum()和data()。

（一）单个数据绑定

语法：datum([value]) 函数

Value是被绑定的数据。将选择集中的每一个元素都绑定相同的数据。数据的类型没有规定，数值、字符串、布尔类型以及对象都可以作为数据绑定到对应元素上。如果省略参数，则返回当前所绑定的数据。绑定的数据作为一项属性归属于该元素，属性名为__data__，可以从Chrome浏览器看到结果。

（二）批量数据绑定

语法：data([values[,key]]) 函数

选择集中的每一个元素分别绑定数组values中的每一项。key是一个键函数，用于指定绑定数组时的对应规则。如果省略key，默认按照顺序一对一地将元素与数据对应。如果二者都省略，则返回已经绑定的数据。

四、使用数据

（一）数据与DOM元素个数相同的批量绑定

对于绑定并使用数据，此处看一个例子。对于批量绑定的数据，程序CH3/DataFunction.htm将修改<p>元素的内容替换成绑定的数据的内容，程序运行结果见图3–4。

程序编号：CH3/DataFunction.htm

```
<html>
<head>
<script src="../d3.v3.min.js" charset="utf-8"></script>
</head>
<body>
    <p>数据科学与大数据技术</p>
    <p>《数据可视化》</p>
    <script>
        var temp=d3.selectAll("p");       //选择所有的p元素
        dataset=["大数据专业新趋势","大数据与人工智能"];
        temp.data(dataset)                //绑定数组dataset
            .text(function(d,i){          //修改元素内容，function为自定义函数
                return "No."+i+": "+d;  //返回字符串
            });
        console.log(temp);
    </script>
</body>
</html>
```

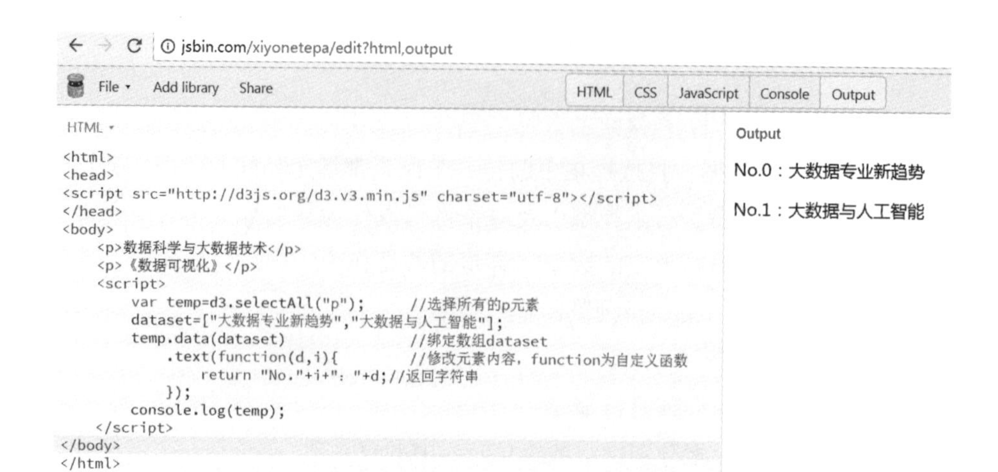

图 3–4 利用数据绑定修改 DOM 元素内容

从结果可以看出，<p>文本内容已经被改变了。自定义函数function(d,i)是无名函数，两个参数d和i分别代表所绑定的数据以及该数据在数组中的下标，批量绑定时dataset的内容，它的两个字符串分别绑定给选择的两个<p>。函数返回一个字符串，"No."+i+"："+d，利用text函数更改<p>元素内容。

（二）数据与DOM元素个数不同时批量绑定

当数据数量多于元素数量时，有多余的数据没有可绑定的元素，调用enter()函数即可查看多余的数据。上例中如果数据多余，使用console.log(x.enter())可以查看多余的数据。

当数据数量小于元素数量时，可以利用exit()函数查看没有数据绑定的DOM元素。Console.log(x.exit())调用exit()函数，返回没有对应数据绑定的元素。

（三）通用模板

没有数据的元素是无用的，有数据时添加对应的元素承载该数据。如下归纳出一个简单的通用模板来处理数据数量与元素数量不同时的问题。

```
var dataset=[1,2,3,4,5];                //定义数据数组
var temp=d3.selectAll("p");             //选取所有的p元素（数量未知）

var group=temp.data(dataset);           //绑定数据
var enter=group.enter();                //数据多于元素的部分
var exit=group.exit();                  //元素多于数据的部分
group.text(function(d){
        return d;
});                                     //根据数据修改原元素内容
```

```
enter.append("p")
     .text(function(d){
          return d;
     });                                        //添加新的元素，内容为绑定的数据
exit.remove();                                  //没有数据的元素直接删除
```

有了上面这个模板，数据对应的元素可以得到准确修改；数据大于元素时，添加元素使其与对应数据绑定；数据小于元素时，多于的元素被删除。

本节详细地讲述了如何选取数据，对选择集的设置、修改和删除以及如何绑定数据和对绑定的数据的使用。数据绑定是数据可视化内容的基础，一定要认真理解本节内容并动手尝试，对数据绑定的理解是后续各种布局下数据可视化的基础。

第三节　D3 直方图

本节先使用D3绘制一组矩形生成直方图，并和第二章的JavaScript与SVG生成的直方图对比，目的是洞悉D3可视化的原理。

一、D3绘制矩形实现直方图绘制

本例中，绘制直方图与JavaScript绘制直方图略有不同，在准备好数据后，把数据批量绑定到创建的矩形上，此时矩形的属性并没有设置。然后，设置矩形的左上角的基线坐标，即（x,y），设置矩形的宽度width和高度height属性，内部填充的色彩。这是第一个比较完整的D3可视化的例子，对于一个常规的直方图，每个矩形的起点坐标（x,y）和高度height都是不同的，只是宽度width相同。程序代码如下。程序见CH3/D3RectHist.htm，运行结果见图3-5。

程序编号：CH3/D3RectHist.htm

```
<html>
  <body>
    <script src="../d3.v3.min.js" charset="utf-8"></script>
    <script>
        var width=(window.innerWidth||
document.documentElement.clientWidth||document.body.clientWidth)*0.96;
        var height=(window.innerHeight||
document.documentElement.clientHeight||document.body.clientHeight)*0.9;
```

```
            var dataset =new Array(10);
            for (var i=0;i<dataset.length;i++){
                dataset[i]=height*Math.random();
            }
            var svg = d3.select("body")               //选择<body>
                        .append("svg")                //在<body>中添加<svg>
                        .attr("width", width)         //设定<svg>的宽度属性
                        .attr("height", height);//设定<svg>的高度属性
            var rectStep =width/dataset.length;
            var rectWidth =rectStep-10;
            var rect = svg.selectAll("rect")
                            .data(dataset)            //绑定数据
                            .enter()                  //获取enter部分
                            .append("rect")           //添加rect元素
                            .attr("x", function(d,i){ //设置矩形的x坐标
                                return i * rectStep;
                            })
                            .attr("y", function(d){   //设置矩形的y坐标
                                return height-d;
                            })
                            .attr("width",rectWidth)           //设置矩形的宽度
                            .attr("height",function(d){ //设置矩形的高度
                                return d;
                            })
                           .attr("fill", "blue");
        </script>
      </body>
    </html>
```

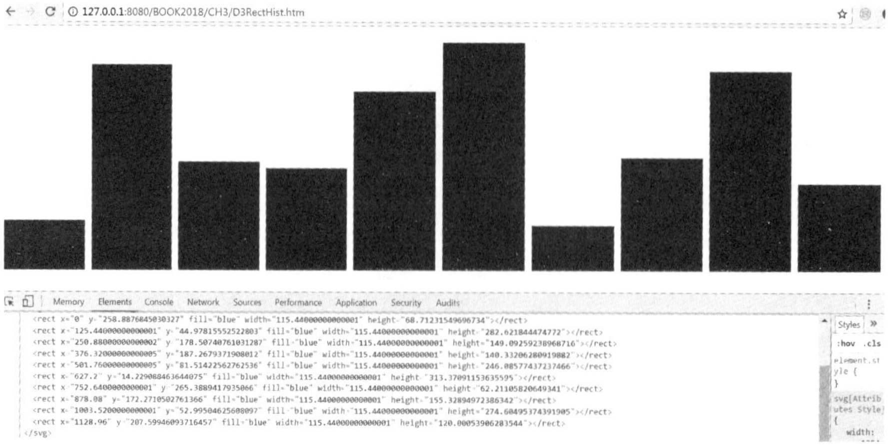

图 3–5　D3 绘制随机数驱动的直方图

图3-5中，到了前端页面后，D3的代码经由d3.v3.min.js的API和JavaScript的计算解析成SVG的<rect>元素，并且每一个<rect>元素的参数都被计算成具体数值。

在代码D3RectHist.htm中为直方图中的矩形添加文字，代码如下，并对色彩使用了D3的配色方案。D3的配色还是特别值得推崇的，色调搭配相当考究，关于D3的配色在第五章比例尺中会详细讨论，为了尽早看到较好的可视化效果，本例先直接使用D3配色。

程序编号：CH3\D3RectHist+.htm（代码片段）

```
var text = svg.selectAll("text")
                    .data(dataset)              //绑定数据
                    .enter()                    //获取enter部分
                    .append("text")             //添加text元素
                    .attr("fill","green")
                    .attr("font-size","24px")
                    .attr("text-anchor","middle")
                    .attr("x", function(d,i){
                        return i * rectStep;
                    })
                    .attr("y", function(d){
                        return height-d-26;
                    })
                    .attr("dx",rectWidth/2)
                    .attr("dy","1em")
                    .text(function(d){
                        return Math.floor(d);
                    });
```

需要说明的是，这是带有无名函数嵌套的一条语句。这条语句选择了所有的SVG中的<text>，绑定了数据dataset，添加了一组与dataset元素相同的<text>元素，设置色彩属性、文字字号、文本锚点为中心以及文字的基线坐标（x,y）、文字的偏移量，其中dx为矩形宽度的一半，dy为文字一个字的高度，文本的内容为dataset的各个数值，并用Math.floor()函数向上取整。

图3-6显示了程序运行的结果，可以看到，到前端页面后，调试显示生成了一个个的SVG的<text>元素。这就印证了，上文特别提示的D3不是一种独立的语言，它是用JavaScript实现的基于SVG或者Canvas的数据可视化API，所有绚丽的图形到了前端，都转换成了SVG或者Canvas的基本图形。

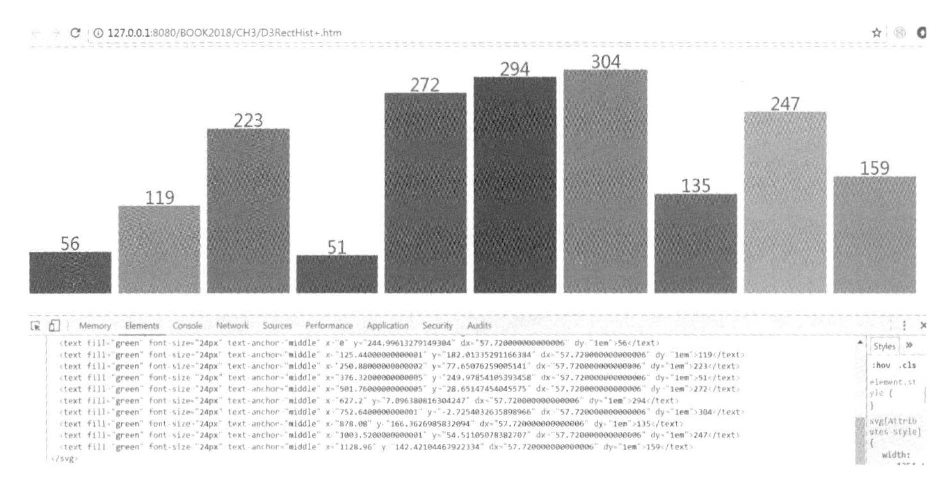

图 3-6　直方图添加文字数据

二、D3的布局和绘制关系

D3的各种布局算法是对数据的准备，转换数据空间。

第一部分中绘制的直方图是已经准备好了矩形的数据，使用D3绘制了一组矩形，计算过程可以用后端的代码计算完成，由JavaScript和D3完成绘制。实际上，许多的数据计算工作，D3也可以完成，对各种布局算法的支持，D3的布局是准备数据，并不完成绘制，只是完成布局需要的绘制基本图形的数据，绘制交给SVG的基本图形去实现，就是前述的基本图形：线段、圆形、矩形、多边形、路径等。

三、D3绘制直方图与JavaScript绘制直方图比较

JavaScript绘制直方图中的矩形需要添加多个矩形结点，并分别给出矩形位置的(x, y)坐标以及矩形的宽和高。

使用D3后，无需一个个地画矩形，只需批量绑定数据，数据的个数决定添加DOM元素SVG的矩形<rect>的个数，这就是D3之所以被称为数据驱动的文档（Data-Driven Documents）的缘故，使得用D3描写的代码更加简洁生动，但不得不说的是这也给初学者留下了D3高门槛的印象。

第四节　JSON 文件格式

数据可视化的数据一般不写在HTML中，而是保存在服务器的外部文件中，或者

从数据库服务器中通过查询获取，因此，需要向服务器端请求数据。当前最流行的数据交换格式是JSON。

一、JSON概述

JSON是JavaScript的对象表示法（JavaScript Object Notation），是一种轻量级的数据交换格式，易于阅读和编写，也易于机器解析和生成。它基于JavaScript语言，是Standard ECMA-262 3rd Edition的一个子集。

JSON具有自我描述性，更易理解。JSON使用JavaScript语法来描述数据对象，但是JSON仍然独立于语言和平台。JSON解析器和JSON库支持许多不同的编程语言。

JSON的文件类型是".json"，其MIME类型是"application/json"。

二、JSON结构

对象是一个无序的"名称/值"集合。一个对象以"{"开始，"}"结束。每个"名称"后跟一个":"；"名称/值"之间使用","分隔。JSON对象格式见图3-7。

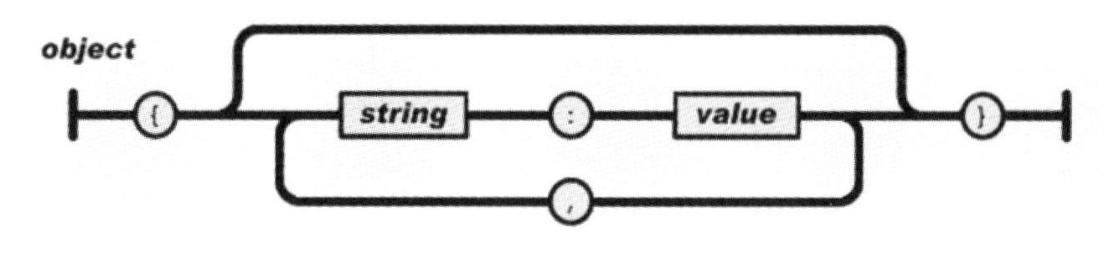

图3-7 JSON对象

数组是值（value）的有序集合。一个数组以"["开始，"]"结束。值之间使用","分隔，格式如图3-8所示。

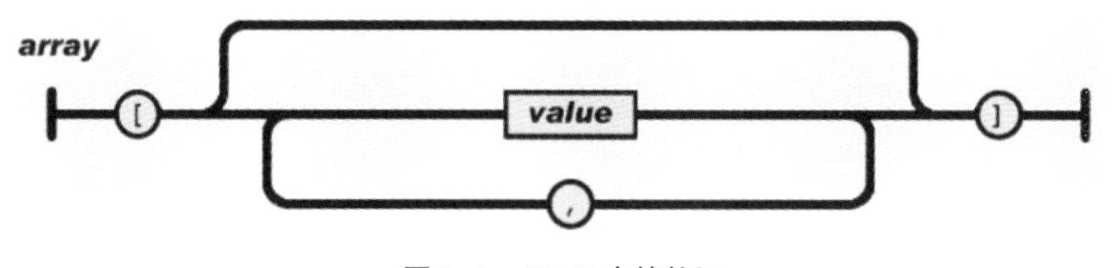

图3-8 JSON中的数组

值（value）可以是以双引号标注的字符串、数值、布尔型、null、对象或者数组，这些结构可以嵌套，见图3-9。

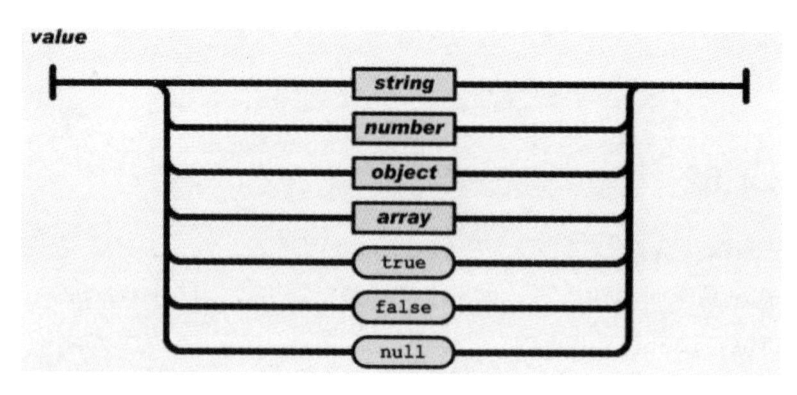

图 3-9 JSON 中的值

JSON 文件示例如下。

数据文件：force.json

```
{"nodes":
    [
        {"name":"@","group":0},
        {"name":"a","group":1},
        {"name":"b","group":2}
    ],
"links":
    [
        {"source":0,"target":1,"value":1},
        {"source":1,"target":2,"value":1},
        {"source":2,"target":0,"value":1}
    ]
}
```

由于 JSON 语法是 JavaScript 语法的子集，JavaScript 函数 eval() 可用于将 JSON 文本转换为 JavaScript 对象。

三、D3读取并解析JSON

在了解JSON结构的情况下，使用JSON进行数据传递十分美妙，可以写出很实用、美观、可读性强的代码，对于前端开发人员，JSON备受关注且被广泛应用。

D3读取JSON格式文件示例如下，由于这个请求是基于AJAX的异步请求，以防止文件没有读完就调用处理函数，即代码中的myFunction()（程序中注释掉了），因而把处理函数放在读取的内部执行，运行结果在Chrome浏览器控制台显示节点信息，见图3-10。

程序编号：CH3/Json.htm

```
<html>
  <head>
        <meta charset="utf-8">
        <title>D3的JSON读取</title>
  </head>
  <body>
    <script src="../d3.v3.min.js" charset="utf-8"></script>
    <p>节点信息</p>
    <script>
        var mydata;
        d3.json("force.json",function(error,data){
            console.log(data.nodes);
            //myFunction();
        });
    </script>
  </body>
</html>
```

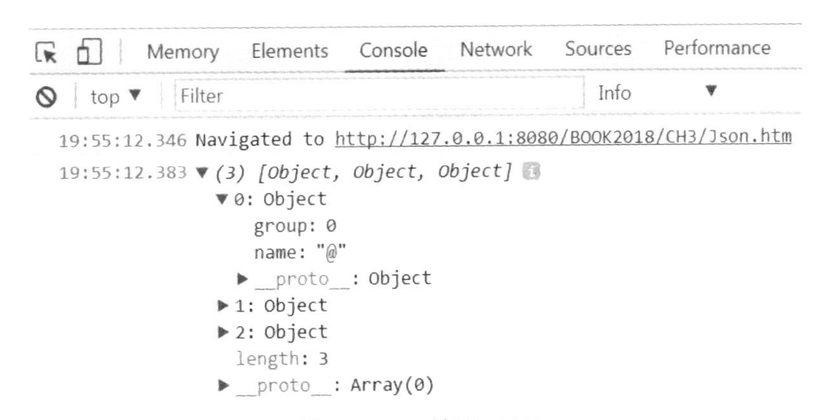

图 3–10　D3 读取 JSON

小结

本章讲述了D3数据可视化的基本概况，D3不是新的语言，它是基于JavaScript实现的可视化API，它可以批量数据绑定、使用灵活，布局多样、绘制绚丽，解决了用户可视化的诸多难题。

4 CHAPTER

第四章 D3饼图、环图、玫瑰图和弦图

D3的饼图、环图和玫瑰图的布局实际上是一类，本质都是扇形或弧形，它们是基于SVG的<path>绘制，由于参数不同呈现出不同的风格。

第一节　D3绘制饼图

一、从SVG的路径到D3饼图绘制

在D3中，饼图、环图和玫瑰图的绘制主要是基于SVG中的<path>标签，<path>通过点、直线或曲线可以绘制任意图形，但是，绘制一个图形的路径是很复杂的。对于饼图类，D3提供了相关的生成器，通过几何计算，得到对应于<path>路径的坐标，绘制扇形或者弧形。

（一）SVG的路径

SVG绘制<path>的参数见第一章第五节。定义路径，也就是从一个坐标点到另一个坐标点，画直线或曲线来自由的绘制图形，提供了极大的灵活性。其中命令均允许小写字母，大写表示绝对定位，小写表示相对定位。本章主要用到的是A，即绘制弧形。

以下代码片段是用<path>绘制一个三角形，它在JSBin中的运行结果见图4–1。

语句<path d="M250 150 L150 350 L350 350 Z"/>表示先移动到坐标（250,150）处，再从此坐标向坐标点（150,350）绘制直线，再从当前点到坐标点（350,350）绘制直线，最后封闭图形，并用蓝色（blue）填充。

```
<svg width="100%" height="100%" version="1.1" xmlns="http://www.w3.org/2000/svg">
    <path d="M250 150 L150 350 L350 350 Z" />
</svg>
```

图 4-1　用路径绘制三角形

（二）D3绘制圆弧

D3绘制圆弧，需要起始角度、终止角度、内半径、外半径四个参数。它使用d3.svg.arc()函数创建一个弧生成器。此处通过实例CH4/arcD3.htm程序说明。

程序编号：CH4/arcD3.htm

```
<html>
  <head>
        <meta charset="utf-8">
        <title>D3弧线生成器</title>
  </head>
<body>
    <script src="../d3.v3.min.js" charset="utf-8"></script>
    <script>
        var width  = 500;    //SVG绘制区域的宽度
        var height = 500;    //SVG绘制区域的高度
        var svg = d3.select("body")          //选择<body>
                    .append("svg")           //在<body>中添加<svg>
                    .attr("width", width)    //设定<svg>的宽度属性
                    .attr("height", height);//设定<svg>的高度属性
        var dataset = { startAngle: 0 , endAngle: Math.PI * 1.25 };
        //创建一个弧生成器
        var arcPath = d3.svg.arc()
                        .innerRadius(50)
                        .outerRadius(100);
        //添加路径
```

```
            svg.append("path")
                .attr("d",arcPath(dataset))
                .attr("transform","translate(250,250)")
                .attr("stroke","black")
                .attr("stroke-width","3px")
                .attr("fill","blue");
        </script>
    </body>
    </html>
```

程序中，dataset给出了绘制圆弧的起止角度，而半径在d3.svg.arc()中指定，用svg.append(“path”)添加路径，对路径数据参数设置为attr(“d” ,arcPath(dataset))，也就是说，arcPath(dataset)把起止角度和内外径数据计算成了<path>所需要的具体坐标值。图4–2显示了在页面上经arcPath转换后<path>的参数。

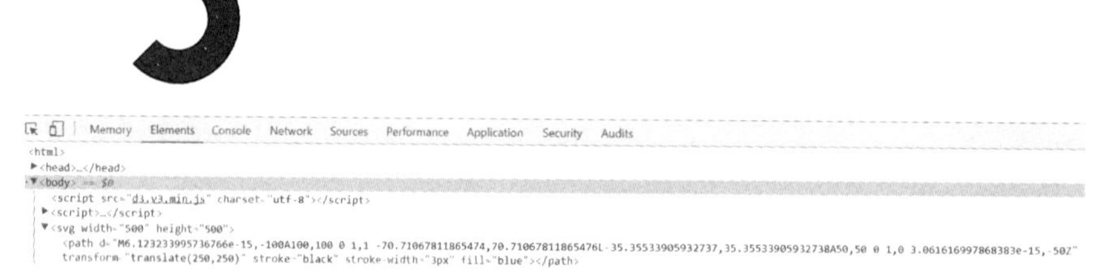

图 4–2　D3 利用路径绘制圆弧的转换过程

（三）D3利用圆弧绘制饼图

基于前面的内容，D3利用圆弧绘制饼图实际已经非常简单了，只要给出的起止弧度连续，这些弧连接起来就能构成一个饼图。下面直接给出一个代码再来讨论。程序中的数据为一个数组dataset，绘制一组圆弧，这些圆弧的终止角度是上一个的起始角度。

程序编号：CH4/arcPie.htm

```
<html>
  <head>
        <meta charset="utf-8">
        <title>利用圆弧绘制饼状图</title>
  </head>
<body>
    <script src="../d3.v3.min.js" charset="utf-8"></script>
        <script>
            var w=window.innerWidth|| document.documentElement.clientWidth||
```

```
document.body.clientWidth;
            var h=window.innerHeight|| document.documentElement.clientHeight||
document.body.clientHeight;
            var width  =w*0.98; //SVG绘制区域的宽度
            var height =h*0.96; //SVG绘制区域的高度
            var svg = d3.select("body")         //选择<body>
                        .append("svg")          //在<body>中添加<svg>
                        .attr("width", width)   //设定<svg>的宽度属性
                        .attr("height", height);//设定<svg>的高度属性
            var dataset = [{ startAngle: 0 , endAngle: Math.PI * 0.3 },
                           { startAngle: Math.PI * 0.3 , endAngle: Math.PI },
                           { startAngle: Math.PI  , endAngle: Math.PI * 1.5 },
                           { startAngle: Math.PI * 1.5, endAngle: Math.PI * 2 }];
            //创建一个弧生成器
            var arcPath = d3.svg.arc()
                            .innerRadius(0)
                            .outerRadius(100);
            var color = d3.scale.category20();
            //添加路径
            svg.selectAll("path")
                .data(dataset)
                .enter()
                .append("path")
                .attr("d",function(d){ return arcPath(d); })
                .attr("transform","translate("+width/2+","+height/2+")")
                .attr("stroke","black")
                .attr("stroke-width","2px")
                .attr("fill",function(d,i){ return color(i); });
            //添加文字
            svg.selectAll("text")
                .data(dataset)
                .enter()
                .append("text")
                .attr("transform",function(d){
                    return "translate("+width/2+","+height/2+")" +
                           "translate(" + arcPath.centroid(d) + ")";
                })
                .attr("text-anchor","middle")
                .attr("fill","white")
                .attr("font-size","18px")
                .text(function(d){ return Math.floor((d.endAngle -
d.startAngle)*180/Math.PI) + "°"; });
        </script>
```

```
    </body>
</html>
```

在绘制扇形之后，再添加文字。先将坐标原点平移至屏幕中央，即(width/2,height/2)处，然后利用不规则图形取其中心点的函数arcPath.centroid(d)，找到每个扇形的中心，再次平移到该中心点，绘制文字，此处绘制的文字为扇形的度数。

如果修改arcPath = d3.svg.arc().innerRadius(40)的半径，可以绘制环图。近年，中空灵动的环图比饼图更流行。

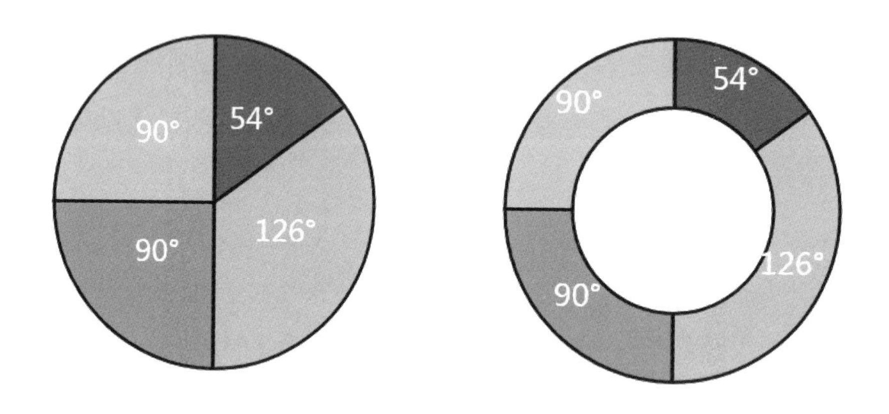

图 4–3　基于起止角度绘制饼图和环图

第二节　从原生数据到绘制 D3 饼图

一、原生数据到绘制饼图的扇形数据

生产环境的原生数据往往不是起止角度，而是实数。以2016年各大浏览器市场份额占比数据为例，原生数据为百分比，D3的饼图布局提供了从原生数据到起止角度的变换，数据见表4–1。

表 4–1　原生数据到绘制饼图的参数转换

ID	名称	数值	扇形的起始角度	扇形的终止角度
1	Chrome	39.49	0	2.48
2	IE	29.06	2.48	4.30
3	QQ	4.84	5.31	5.61

续表

ID	名称	数值	扇形的起始角度	扇形的终止角度
4	2345	4.28	5.61	5.88
5	搜狗高速	4.19	5.88	6.14
6	猎豹	2.24	6.14	6.28
7	其他	15.91	4.30	5.31

综合上一节的内容，D3 绘制饼图的实际流程如图 4-4 所示，即原生数据先经 D3.pie 转为起止角度，再经 D3.arc 转为 SVG 的基本绘图元素 <path> 的坐标。实际上 D3 的所有的布局，如直方图、饼图类、力导向和弦图等都是将转换数据的过程称为布局，让程序员误以为这就是绘制了，实际上这还没有绘制，只是转换数据，绘制要用 SVG 的基本图形组合实现。

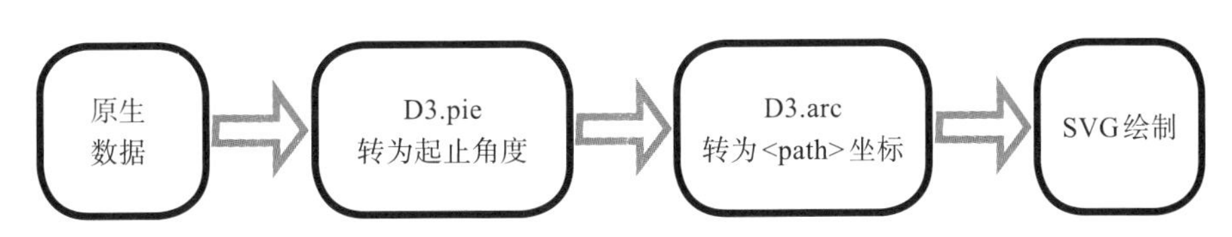

图 4-4　原生数据绘制 D3 饼图的数据转换过程

二、D3 饼图布局 API

D3 饼图布局重要的 API 如下。

d3.pie()：使用默认设置创建一个饼图生成器。

pie(data,[,arguments…])：转换数据，返回一个对象数组。

pie.value([value])：设定或获取值访问器。

pie.sort([compare])：设定或获取比较器。compare 为一个比较函数；如果省略，则返回当前比较器。

pie.sortValues([compare])：设定或获取比较器。compare 为一个比较函数；如果省略，则返回当前比较器，默认为下降值。

pie.startAngle([angle])：设定或获取饼图整体的起始角度，默认为 0（弧度）。

pie.endAngle([angle])：设定或获取饼图整体的终止角度，默认为 2π（弧度）。

pie.padAngle([angle])：设定或获取饼图的填充角度，默认为 0（弧度）。

三、D3饼图实例

（一）饼图的程序

数据为前面提到的浏览器份额数据，变量为dataset，见代码中D3Pie.htm，本例中使用了d3.v4.min.js。

程序编号：CH4/D3Pie.htm

```
<html>
    <head>
        <title>饼状图</title>
    </head>
    <body>
        <script src="../d3.v4.min.js" charset="utf-8"></script>
        <script>
            var w=window.innerWidth|| document.documentElement.clientWidth||
document.body.clientWidth;
            var h=window.innerHeight|| document.documentElement.clientHeight||
document.body.clientHeight;
            var width = w*0.98;
            var height =h*0.96;
var dataset = [["Chrome",39.49],["IE",29.06],["QQ",4.84],["2345",4.28],["搜狗高速
",4.19],["猎豹",2.24],["其他",15.91]];
            var svg = d3.select("body")
                        .append("svg")
                        .attr("width", width)
                        .attr("height", height);
            var pie = d3.pie()
                        .value(function(d){return d[1];});
            var piedata = pie(dataset);
            var outerRadius = 150;  //外半径
            var innerRadius = 0;    //内半径
            var arc = d3.arc()  //弧生成器
                        .innerRadius(innerRadius)   //设置内半径
                        .outerRadius(outerRadius);  //设置外半径
            var color = d3.scaleOrdinal(d3.schemeCategory10);
            var arcs = svg.selectAll("g")
                         .data(piedata)
                         .enter()
                         .append("g")
                         .attr("transform","translate("+ (width/2) +","+
                          (height/2)+")");
```

```
            arcs.append("path")//每个g元素添加path元素，用g的数据d生成路径
                .attr("fill",function(d,i){
                    return color(i);
                })
                .attr("d",function(d){
                    return arc(d);//将角度转为弧度（d3使用弧度绘制）
                });
        </script>
    </body>
</html>
```

其中，d3.pie()创建了一个饼图布局，其变量名为pie，它具有布局的所有属性与方法。其中，值访问器value()从传入的数组中提取需要转换的数据。

（二）原生数据转换为起止角度

实际上，var piedata = pie(dataset)语句将数组dataset作为pie()的参数，返回值给piedata，在控制台输出piedata，如图4-5所示。

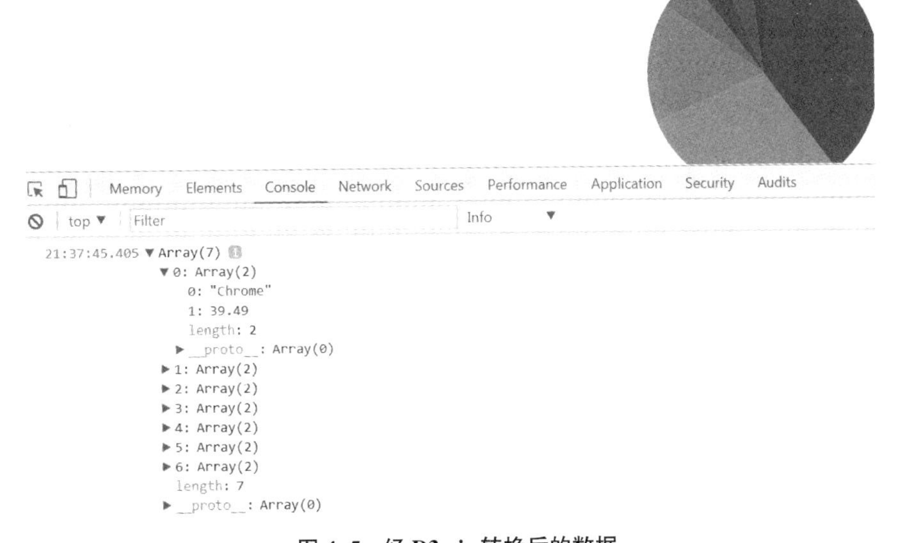

图 4-5　经 D3.pie 转换后的数据

从图4-5中可见，转换后每个对象数组都具有下列属性：

data：输入数据，输入数据数组中的对应元素。

value：弧的数值。

index：基于零的弧线分类指数。

startAngle：弧的起始角。

endAngle：弧的终止角。

padAngle：弧之间的间距角度。

（三）起止角度转换为SVG的路径参数

绘制采用弧生成器，前面已经讨论过，弧生成器仍然不是绘制，而是转换数据。指定弧的内径和外径，弧生成器arc = d3.arc()返回的结果赋值给arc，它具有弧的属性和方法，把piedata作为参数传入，即得到<path>的路径参数。

此例中，使用了颜色比例尺color = d3.scaleOrdinal(d3.schemeCategory10)，为饼图添加了绚丽的色彩。

（四）绘制图形

在SVG中添加图形元素<path>，真正的绘制才算开始。先在<svg>里添加与数据相同的组元素<g>，每一个<g>用于存放一段弧的相关元素，本例中转换后的数据piedata生成7个数据对象，因此生成7个具有相同属性的<g>元素。即如下的代码片段：

```
var arcs = svg.selectAll("g")
               .data(piedata)
               .enter()
               .append("g")
               .attr("transform","translate("+ (width/2) +","+ (height/2) +")");
```

然后对每个<g>元素，添加<path>。因为arcs同时选择了7个<g>元素的选择集，所以调用append(“path”)后，每个<g>中都有<path>，<path>的数据属性“d”，通过无名函数逐一绑定arc(d)参数。

```
arcs.append("path")//每个g元素添加path元素，用g的数据d生成路径
                .attr("fill",function(d,i){
                    return color(i);
                })
                .attr("d",function(d){
                    return arc(d);//将角度转为弧度（d3使用弧度绘制）
                });
```

（五）添加文字和修饰

在每一个弧线中心添加相应数值。这部分代码片段如下：

```
arcs.append("text")
    .attr("transform",function(d){
        var x = arc.centroid(d)[0] * 1.1;
```

```
            var y = arc.centroid(d)[1] * 1.1;
            return "translate(" + x + "," + y + ")";
        })
        .attr("text-anchor","middle")
        .attr("font-size",function(d) {
            return d.data[1] + "px";
        })
        .text(function(d){
            return d.value + "%";
        })
        .on("mouseover",function(d,i){
            if(d.data[1]<10){
                d3.select(this)
                .attr("font-size",24);
            }
        })
        .on("mouseout",function(d,i){
            if(d.data[1]<10){
                d3.select(this)
                .attr("font-size",function(d) {
                    return d.value + "px";
                });
            }
        });
//添加连接弧外文字的直线元素
arcs.append("line")
    .attr("stroke","black")
    .attr("x1",function(d){ return arc.centroid(d)[0] * 2; })
    .attr("y1",function(d){ return arc.centroid(d)[1] * 2; })
    .attr("x2",function(d){ return arc.centroid(d)[0] * 2.2; })
    .attr("y2",function(d){ return arc.centroid(d)[1] * 2.2; });
//添加弧外的文字元素
arcs.append("text")
        .attr("transform",function(d){
            var x = arc.centroid(d)[0] * 2.5;
            var y = arc.centroid(d)[1] * 2.5;
            return "translate("+ x + "," + y + ")";
        })
        .attr("text-anchor","middle")
        .attr("font-size",12)
        .text(function(d){
         return d.data[0];
        });
```

修饰和文字部分，注意在写程序过程中务必增量去修饰，不要复制粘贴代码，而是从最基本的添加文字开始，逐步修饰调整。

其中，arc.centroid(d) 能计算弧线的中心，该方法返回一个数组 [x,y]，分别表示弧区域中心的 x 和 y 坐标。要注意，弧的中心是相对于圆心的。使用“arc.centroid(d) * a”可以得到圆心和弧中心所在直线上的任意点，a 为一个系数，最大取值为 2，表示弧边缘的中心坐标。

本例的弧区域字体大小与数据相关，并添加了鼠标交互事件，在鼠标移动到较小字体上时，会相应地放大该字体，如图 4–6 所示。其中 text() 返回的是 d.value，而不是 d。因为被绑定的数据是对象，包含 d.startAngle、d.endAngle、d.value 等，其中 d.value 才是值访问器获取到的值，当然，也可以使用 d.data[1] 获得数值。

最后，为每一段弧添加对应的浏览器名称，程序运行结果见图 4–6。本例完整代码见 CH4/D3PieOK.htm。

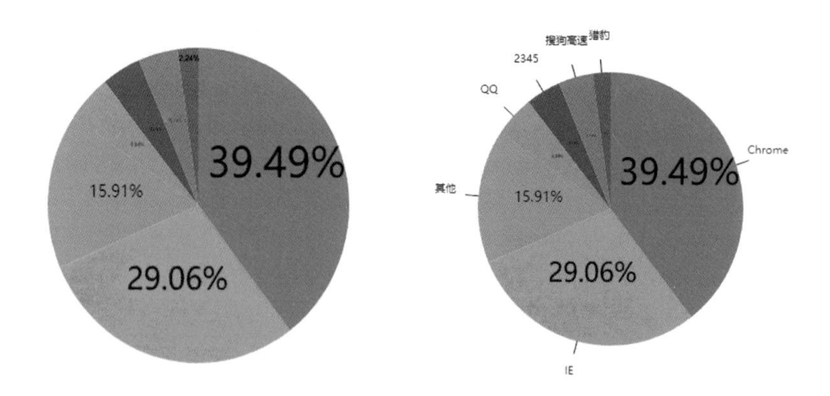

图 4–6　添加鼠标交互后的饼图和最后的饼图效果

在 JSBin 上运行图 4–7 所示的结果。

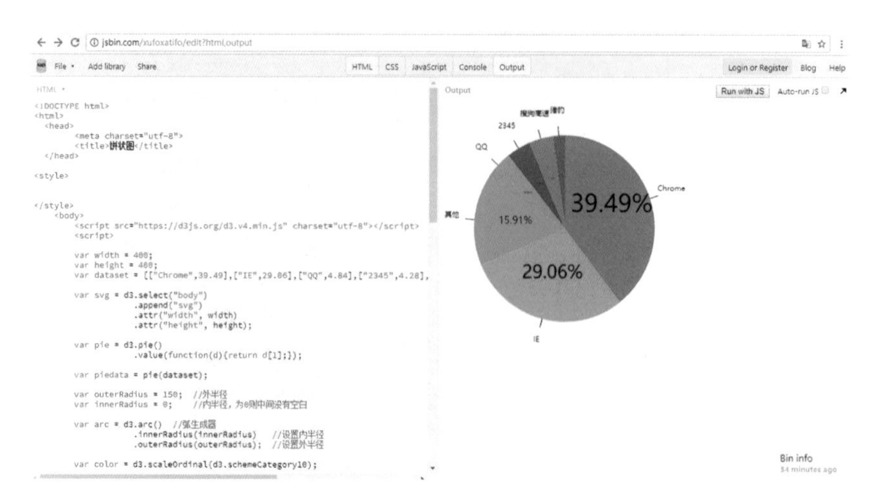

图 4–7　JSBin 上饼图运行结果

四、D3环图

D3绘制环图比较简单，在饼图上增加内半径即可。在上节绘制饼图代码中，更改内半径即可绘制出环图，如图4-8所示。

```
var outerRadius = 150;     //外半径
var innerRadius = 100;     //内半径
```

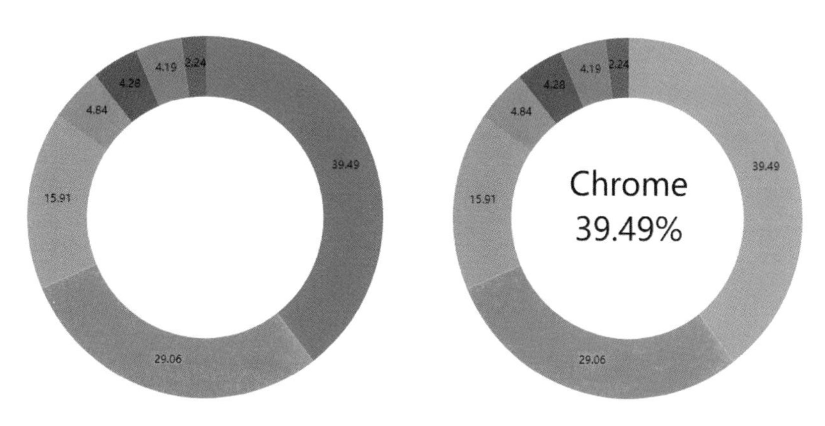

图 4-8　D3 环图

字体显示添加鼠标交互事件，利用中间空白区显示数据信息，如图4-8右图所示，参见附书代码CH4/D3Donut.htm。

五、D3玫瑰图

玫瑰图，也称南丁格尔玫瑰图，如图4-9所示。关于南丁格尔玫瑰图的来源，有着一段敬畏生命且意义深远的历史。

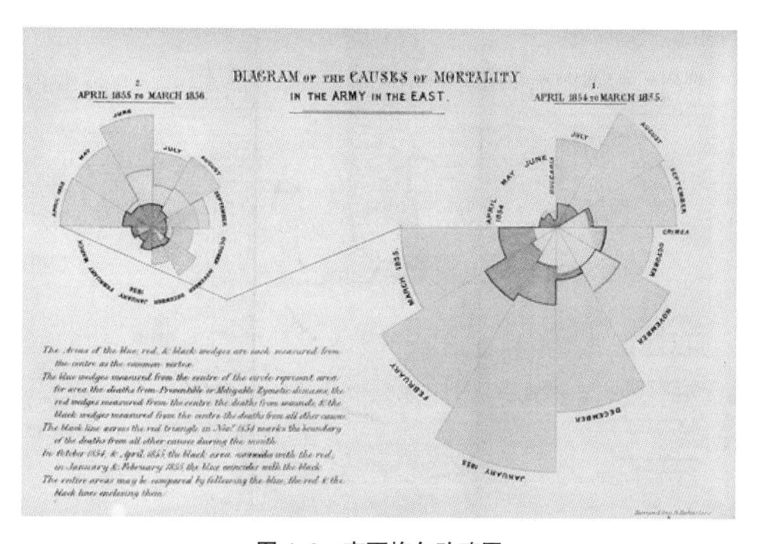

图 4-9　南丁格尔玫瑰图

19世纪50年代，英国、法国、土耳其和俄国之间爆发了克里米亚战争，英国的战地战士死亡率高达42%。护士弗罗伦斯·南丁格尔主动申请，率领38名护士抵达前线，在战地医院服务。在她和护士们认真负责的护理下，仅半年时间伤病员的死亡率就下降到2.2%。战争结束后，南丁格尔回到英国，被人们推崇为民族英雄。由于担心资料统计的结果可能会不受人重视，她发明了一种色彩缤纷、层次不一的图表形式，让数据能够更好地给人们留下深刻的印象，这种图表被称作“南丁格尔的玫瑰”。她的方法打动了当时的高层，于是医事改良提案得到了支持。

其实，在D3中要绘制一个简单的玫瑰图，可以在圆环的基础上修改外半径outerRadius()，用数据驱动每一段弧的外半径即可。

示例代码中重要片段续接前面的CH4/D3Donut.htm，修改的内容见如下代码片段CH4/D3Rose.htm。运行结果见图4-10。

程序编号：CH4/D3Rose.htm（代码片段）

```
innerRadius = 50;//圆环内半径
var arc=d3.arc()//设置弧度的内外半径，等待传入的数据生成弧度
    .innerRadius(innerRadius)
    .outerRadius(function (d) {
        var value=d.value;
        return value*5+ innerRadius;
    });
```

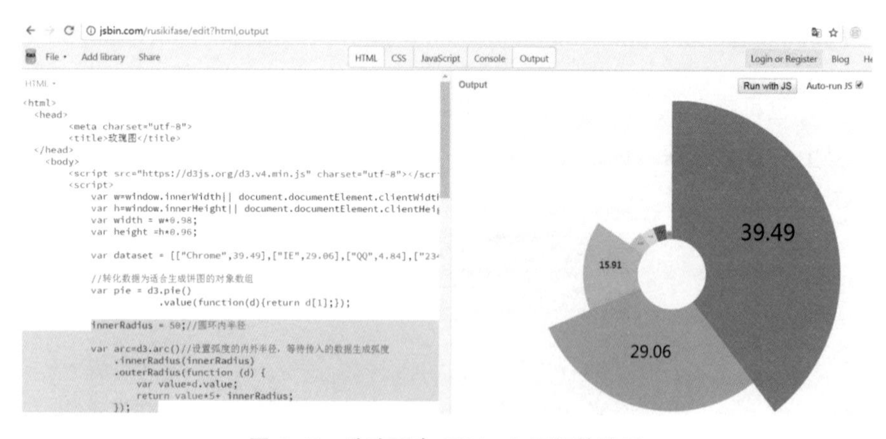

图4-10 玫瑰图在JSBin上运行的结果

实际上，可以随意地根据数据内容和艺术设计的原理调整参数，绘制一些变换的、新的可视化图形形式。图4-11是用数据驱动内半径的两张图，这正是D3的灵活性所在。

程序编号：CH4/D3Rose+.htm（代码片段）

```
innerRadius = 50;//圆环内半径
            outerRadius=200
            var arc=d3.arc()//设置弧度的内外半径，等待传入的数据生成弧度
                .innerRadius(function (d) {
                    var value=d.value;
                    return value*4;
                })
                .outerRadius(outerRadius);
innerRadius = 50;//圆环内半径
            outerRadius=200
            var arc=d3.arc()//设置弧度的内外半径，等待传入的数据生成弧度
                .innerRadius(function (d) {
                    var value=d.value;
                    return 200-value*4;
                })
                .outerRadius(outerRadius);
```

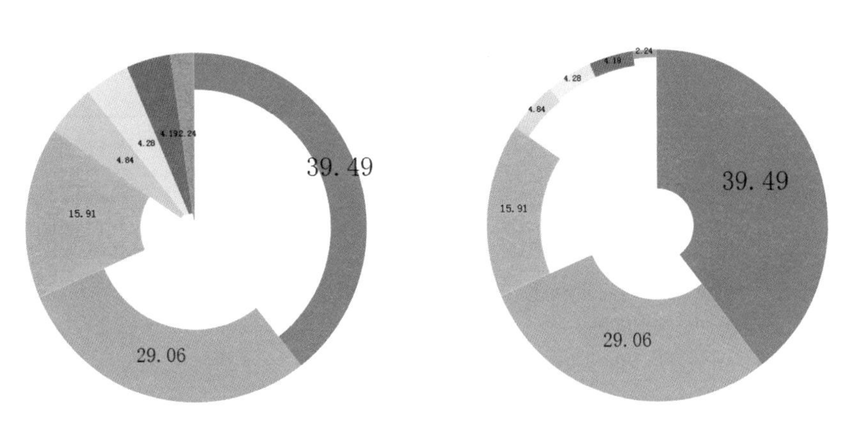

图 4–11 内径参数不同的变形玫瑰图

第三节 弦图

一、弦生成器

弦是根据两段弧生成的一种可视化的基本图形。实际上，D3 的弦生成器类似于前面的弧生成器，它要求的数据为两段弧。

先看一个绘制一段弦的例子，代码 BasicChord.htm 中的数据 dataset 是两段弧的数据。为了清楚地显示它是两段弧，程序中特意也绘制了弧的整个圆形。用弦生成器创建一个对象chord = d3.svg.chord()，这个chord具有弦的属性和方法，把dataset传入，它会对应与弧数据dataset的一组<path>的参数，用于绘图。同样的道理，d3.svg.chord()只是把描述弦的两个弧的数据生成了弦的坐标数据。

程序编号：CH4/BasicChord.htm

```
<html>
  <head>
        <title>弦生成器</title>
  </head>
  <body>
    <script src="d3.v3.min.js" charset="utf-8"></script>
    <script>
        var w=window.innerWidth|| document.documentElement.clientWidth||
document.body.clientWidth;
        var h=window.innerHeight|| document.documentElement.clientHeight||
document.body.clientHeight;
        var width = w*0.98;
        var height =h*0.96;
        var svg = d3.select("body")         //选择<body>
                    .append("svg")           //在<body>中添加<svg>
                    .attr("width", width)    //设定<svg>的宽度属性
                    .attr("height", height);//设定<svg>的高度属性
        var dataset = { source:{ startAngle: 0.2 , endAngle: Math.PI * 0.3 , radius:
200 },target:{ startAngle: Math.PI * 1.0 , endAngle: Math.PI * 1.6 , radius:100 }};
        //创建一个弦生成器
        var chord = d3.svg.chord();
        //添加路径
        svg.append("path")
            .attr("d",chord(dataset)  )
            .attr("transform","translate("+width/2+","+height/2+")")
            .attr("fill","yellow")
            .attr("stroke","black")
            .attr("stroke-width",3);
        svg.append("circle")
            .attr("r",100)
            .attr("transform","translate("+width/2+","+height/2+")")
            .attr("fill","none")
            .attr("stroke","blue")
            .attr("stroke-width",1);
        svg.append("circle")
            .attr("r",200)
```

```
            .attr("transform","translate("+width/2+","+height/2+")")
            .attr("fill","none")
            .attr("stroke","blue")
            .attr("stroke-width",1);
    </script>
  </body>
</html>
```

为了清楚起见，下面列出了dataset的值和经过d3.svg.chord()转换后的<path>的值。

```
dataset = { source:{ startAngle: 0.2 , endAngle: Math.PI * 0.3 , radius:
200 },target:{ startAngle: Math.PI * 1.0 , endAngle: Math.PI * 1.6 , radius:100 }};
<path d="M39.73386615901225,-196.01331556824832A200,200 0 0,1
161.80339887498948,-117.55705045849463Q 0,0 6.123233995736766e-15,100A100,100 0 0,1
-95.10565162951536,-30.901699437494727Q 0,0
39.73386615901225,-196.01331556824832Z"
transform="translate(940.8,444.47999999999996)" fill="yellow" stroke="black"
stroke-width="3"></path>
```

程序在JSBin中的运行结果如图4–12所示。

图 4–12　D3 弦生成器

二、弦图概述

弦图主要用于表达数据之间的交叉数量关系，如图4–13所示。其源数据为一个方阵（行列数相等，N*N），弦图由两部分组成：外部的节点和内部的弦[12]。弦图表达一组数据之间的相互占比关系，如五大洲人口中来自其他洲的人口分布、一组上市公司之间的相互持股比例关系、影视公司之间的合作投资关系等。

弦图中各部分的含义如图4-13所示。元素自身的弦，即矩阵中(C,C)在弦图中的表示如右图所示。弦图的更多内容可以访问http://circos.ca/guide/tables/网站[12]。

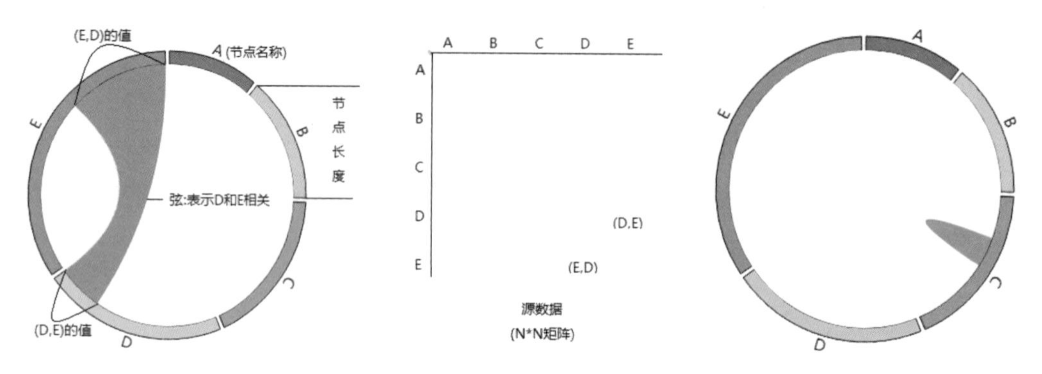

图4-13 弦图各部分含义

从图4-13的分解可以看出，完整的弦图=一组弦（d3.svg.chord）+一组弧（d3.svg.arc）。

三、D3的弦图API

D3中弦图的绘制同样是基于SVG中的<path>路径标签。弦图（chord）的API如下：

d3.chord()：使用默认设置创建一个弦图生成器。

chord(matrix)：对matrix表示的矩阵数据计算对应的弦图布局数据以备画图，matrix必须为方阵（行列数相等）。matrix[i][j]表示第i个节点到第j个节点的流量，且不能为负数。

chord.padAngle([angle])：设置或获取相邻分组（节点）之间的间隔，默认为0。

chord.sortGroups([compare])：设置或获取分组（节点）的排序规则。Compare是比较函数，如升序d3.ascending和降序d3.descending。

chord.sortSubgroups([compare])：设置或获取子分组（各节点所在行）的排序规则。

chord.sortChords([compare])：设置或获取弦的排序规则。

四、弦图的实例

通过一个具体的弦图可视化来说明d3弦图的绘制。

（一）数据准备

表 4–2 五大洲人口组成表

	亚洲	欧洲	非洲	美洲	大洋洲
亚洲	9000	870	3000	1000	5200
欧洲	3400	8000	2300	4922	374
非洲	2000	2000	7700	4881	1050
美洲	3000	8012	5531	500	400
大洋洲	3540	4310	1500	1900	300

关于上表中的数据的意义，这里以亚洲为例说明：亚洲的人口数量一共为（9000+870+3000+1000+5200）人，其中9000指本地人，870人来自欧洲，3000人来自非洲，1000人来自美洲，5200人来自大洋洲[11]。

整理数据后，设置一个洲名变量和一个人口二维数组。

```
var continent = [ "亚洲" , "欧洲" , "非洲" , "美洲" , "大洋洲"  ];
var population = [
  [ 9000,  870  , 3000  , 1000 , 5200 ],
  [ 3400,  8000 , 2300  , 4922 , 374  ],
  [ 2000,  2000 , 7700  , 4881 , 1050 ],
  [ 3000,  8012 , 5531  , 500  , 400  ],
  [ 3540,  4310 , 1500  , 1900 , 300 ]
];
```

（二）创建弦生成器

创建弦图生成器。各节点之间间隔设为0.03，节点所在行数据升序排序。

```
var chord = d3.chord()
             .padAngle(0.03)
             .sortSubgroups(d3.ascending);
```

（三）绘制并绑定数据

首先，在SVG中添加分组元素<g>，分别用来装节点和弦，绑定计算后的弦图布局数据以备画图。

datum([value])：对选择集中每一个元素都绑定相同的数据value。在这里对每一个分组元素<g>（共两个，一个用来装节点，一个用来装弦）绑定转换后的弦图布局数据。

弦图的所有节点添加在gOuter里，所有弦添加在gInner里。

```
//弦图的<g>元素
            var gChord = svg.append("g")
                .attr("transform","translate(" + width/2 + "," + height/2 + ")")
                .datum(chord(population));
//节点的<g>元素
            var gOuter = gChord.append("g");
//弦的<g>元素
            var gInner = gChord.append("g");
```

（四）绘制节点元素

需要创建一个弧生成器，并为其设定内半径和外半径。

（五）添加路径绘制代表节点的弧

在gOuter里添加路径元素path，绑定节点数组，路径值使用弧生成器arcOuter计算。代码如下：

```
gOuter.selectAll(".outerPath")
            .data(function(chords) {
                console.log(chords.groups);
                return chords.groups;      //绑定节点数组
            })
            .enter()
            .append("path")
            .attr("class","outerPath")
            .style("fill", function(d) { return color20(d.index); })
            .attr("d", arcOuter );
```

对绑定的节点数据输出，如图4-14所示，可以看到每个节点包含如下属性：

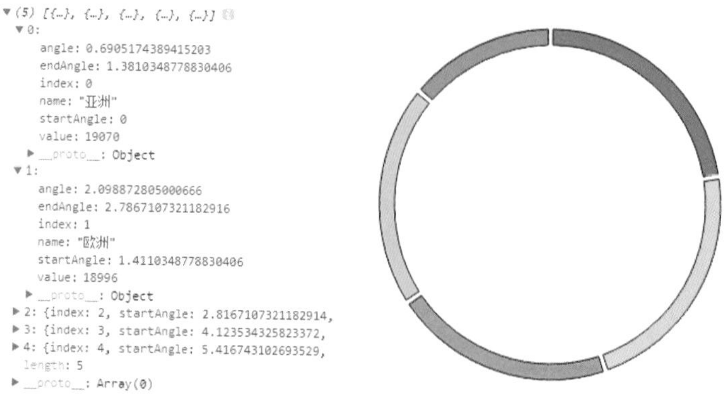

```
▼(5) [{…}, {…}, {…}, {…}, {…}]
 ▼0:
    angle: 0.6905174389415203
    endAngle: 1.3810348778830406
    index: 0
    name: "亚洲"
    startAngle: 0
    value: 19070
  ▶__proto__: Object
 ▼1:
    angle: 2.098872805000666
    endAngle: 2.7867107321182916
    index: 1
    name: "欧洲"
    startAngle: 1.4110348778830406
    value: 18996
  ▶__proto__: Object
 ▶2: {index: 2, startAngle: 2.8167107321182914,
 ▶3: {index: 3, startAngle: 4.123534325823372,
 ▶4: {index: 4, startAngle: 5.416743102693529,
  length: 5
 ▶__proto__: Array(0)
```

图4-14　节点数组与绘制节点

startAngle：起始角度。

endAngle：终止角度。

value：从节点i出去的总量。

index：节点索引i。

只有节点绘制的圆环看起来信息不足，需要为每段弧添加文字。代码如下：

```
gOuter.selectAll(".outerText")
                    .data(function(chords) {
                        return chords.groups;
                    })
                    .enter()
                    .append("text")
                    .each( function(d,i) {     //为被绑定的数据添加变量
                        d.angle = (d.startAngle + d.endAngle)/2;     //弧的中心角度
                        d.name = continent[i];     //节点名称
                    })
                    .attr("class","outerText")
                    .attr("dy",".35em")
                    .attr("transform", function(d){     //设定平移属性的值

                        //先旋转d.angle(将该值转换为角度)
                        var result = "rotate(" + ( d.angle * 180 / Math.PI ) + ")";

                        //平移到外半径之外
                        result += "translate(0,"+ -1.0 * ( outerRadius + 10 ) +")" ;

                        //对于弦图下方的文字，翻转180度(防止其是倒着的)
                        if( d.angle > Math.PI * 3 / 4 &&  d.angle < Math.PI * 5 / 4 )
                            result += "rotate(180)";

                            return result;
                    })
                    .text(function(d){
                        return d.name;
                    });
```

其中each()对选择集中的元素都调用其参数的function(d,i)函数，给被绑定的数据添加两个变量(d.angle和d.name)。

（六）绘制内部的弦

创建一个弦生成器，并设置半径。在gInner的分组元素中添加路径元素<path>，

再使用弦生成器计算弦的路径。

```
var arcInner =  d3.ribbon()
                    .radius(innerRadius);
            gInner.selectAll(".innerPath")
                .data(function(chords) {
                    console.log(chords);
                    return chords;
                })
                .enter()
                .append("path")
                .attr("class","innerPath")
                .attr("d", arcInner )
                .style("fill", function(d) { return color20(d.source.index); });
```

输出绑定的弦数组，每一段弦都有source和target对象，如图4-15所示，分别包含以下属性：

startAngle：起始角度。

endAngle：终止角度。

value：matrix[i][j]的值。

index：索引 i。

subindex：索引 j。

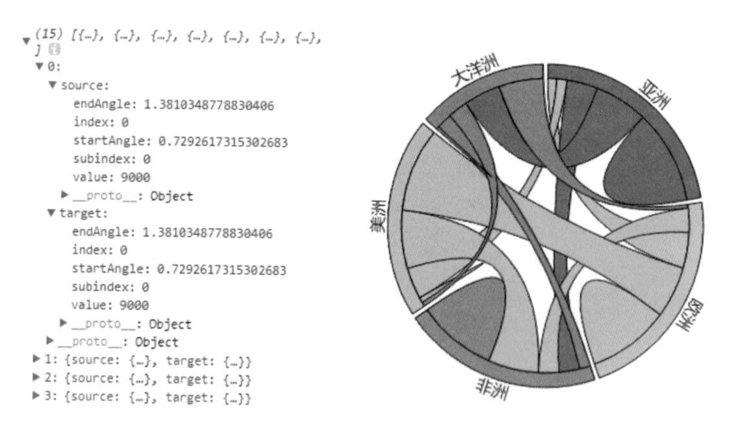

图 4-15　弦的数组和完成的弦图

（七）添加交互

最终的弦图如4-15所示，其内部的弦错综复杂，不能明显地看出两个节点之间的联系，下面添加交互，当鼠标移动到节点对应弧上，显示与此节点相关的弦，其余的弦都“隐身”。代码如下：

```
gOuter.selectAll(".outerPath")
            .on("mouseover",fade(0.0))        //鼠标放到节点上
            .on("mouseout",fade(1.0));        //鼠标从节点上移开

        function fade(opacity){
            //返回一个function(g, i)
            return function(g,i){
                gInner.selectAll(".innerPath")  //选择所有的弦
                    .filter( function(d) {  //过滤器
                      //没有连接到鼠标所在节点的弦才能通过
                      return d.source.index != i && d.target.index != i;
                    })
                    .transition()   //过渡
                    .style("opacity", opacity); //透明度

            }
        }
```

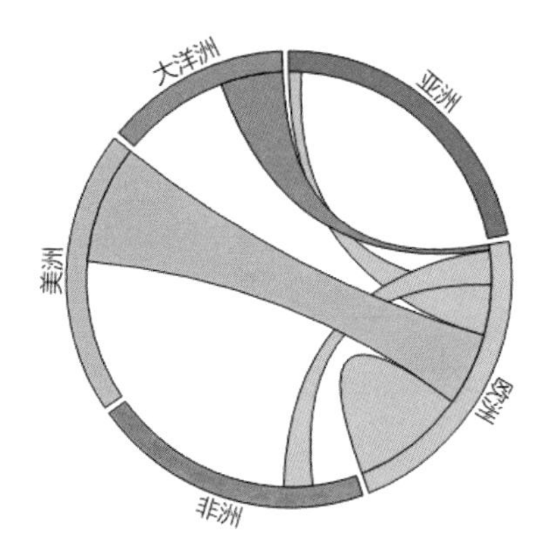

图 4–16　添加鼠标事件的弦图效果

完整的代码见D3Chord.htm，JSBin中的运行结果见图4–17。

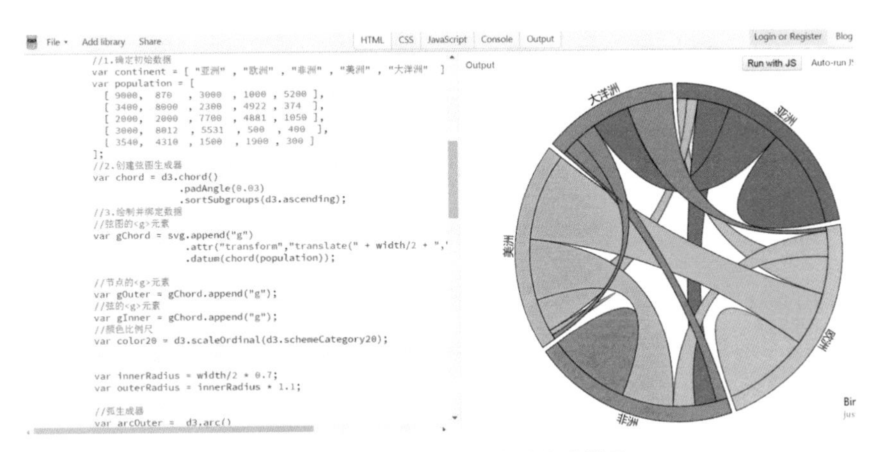

图 4–17　弦图在 JSbin 中的完成效果

程序编号：CH4/D3Chord.htm

```
<html>
  <head>
      <meta charset="utf-8">
      <title>交互式弦图</title>
      <style>
          .outerPath{
            stroke: black;
          }
          .outerText{
            text-anchor: middle;
            font-size: 16;
          }
          .innerPath{
            stroke: black;
          }
      </style>
  </head>
  <body>
        <script src="d3.v4.min.js" charset="utf-8"></script>
        <script>
            var w=window.innerWidth|| document.documentElement.clientWidth||
document.body.clientWidth;
            var h=window.innerHeight|| document.documentElement.clientHeight||
document.body.clientHeight;
            var width = w*0.98;
            var height =h*0.96;
            var svg = d3.select("body")
                        .append("svg")
                        .attr("width", width)
                        .attr("height", height);
            //1.确定初始数据
            var continent = [ "亚洲" , "欧洲" , "非洲" , "美洲" , "大洋洲"  ];
            var population = [
              [ 9000,  870   , 3000  , 1000 , 5200 ],
              [ 3400,  8000  , 2300  , 4922 , 374  ],
              [ 2000,  2000  , 7700  , 4881 , 1050 ],
              [ 3000,  8012  , 5531  , 500  , 400  ],
              [ 3540,  4310  , 1500  , 1900 , 300 ]
            ];
            //2.创建弦图生成器
            var chord = d3.chord()
```

```
                    .padAngle(0.03)
                    .sortSubgroups(d3.ascending);
//3.绘制并绑定数据
//弦图的<g>元素
var gChord = svg.append("g")
                    .attr("transform","translate(" + width/2 + "," + height/2 +
")")
                    .datum(chord(population));

//节点的<g>元素
var gOuter = gChord.append("g");
//弦的<g>元素
var gInner = gChord.append("g");
//颜色比例尺
var color20 = d3.scaleOrdinal(d3.schemeCategory20);


var innerRadius = width/2 * 0.7;
var outerRadius = innerRadius * 1.1;

//弧生成器
var arcOuter =  d3.arc()
                .innerRadius(innerRadius)
                .outerRadius(outerRadius);

gOuter.selectAll(".outerPath")
    .data(function(chords) {
        console.log(chords.groups);
        return chords.groups;    //绑定节点数组
    })
    .enter()
    .append("path")
    .attr("class","outerPath")
    .style("fill", function(d) { return color20(d.index); })
    .attr("d", arcOuter );

gOuter.selectAll(".outerText")
    .data(function(chords) {
        return chords.groups;
    })
    .enter()
    .append("text")
    .each( function(d,i) {    //为被绑定的数据添加变量
```

```
            d.angle = (d.startAngle + d.endAngle)/2;     //弧的中心角度
            d.name = continent[i];     //节点名称
        })
        .attr("class","outerText")
        .attr("dy",".35em")
        .attr("transform", function(d){     //设定平移属性的值

            //先旋转d.angle(将该值转换为角度)
            var result = "rotate(" + ( d.angle * 180 / Math.PI ) + ")";

            //平移到外半径之外
            result += "translate(0,"+ -1.0 * ( outerRadius + 10 ) +")" ;

            //对于弦图下方的文字，翻转180度(防止其是倒着的)
            if( d.angle > Math.PI * 3 / 4 &&  d.angle < Math.PI * 5 / 4 )
                result += "rotate(180)";

                return result;
        })
        .text(function(d){
            return d.name;
        });
    //绘制弦
    var arcInner =  d3.ribbon()
                    .radius(innerRadius);
    gInner.selectAll(".innerPath")
        .data(function(chords) {
            console.log(chords);
            return chords;
        })
        .enter()
        .append("path")
        .attr("class","innerPath")
        .attr("d", arcInner )
        .style("fill", function(d) { return color20(d.source.index); });
    //添加鼠标交互
    gOuter.selectAll(".outerPath")
        .on("mouseover",fade(0.0))          //鼠标放到节点上
        .on("mouseout",fade(1.0));          //鼠标从节点上移开

    function fade(opacity){
        //返回一个function(g, i)
        return function(g,i){
```

```
                        gInner.selectAll(".innerPath")  //选择所有的弦
                              .filter( function(d) {  //过滤器
                                 //没有连接到鼠标所在节点的弦才能通过
                                 return d.source.index != i && d.target.index != i;
                              })
                              .transition()   //过渡
                              .style("opacity", opacity); //透明度
                  }
               }
            </script>
         </body>
      </html>
```

小结

本章将本质上区别不大的饼图、环图和玫瑰图放在一起讨论，它们都是基于SVG的<path>实现的，只是参数不同。弦图是一种弦生成器和弧混合应用的图形，表达数据之间的交叉数量关系。这一章重点理解D3的布局只是数据准备，绘制是基于SVG实现的。

CHAPTER 5

第五章 D3 比例尺

由于可视化的原生数据是多维度实数范围数据，而能够可视化的区间非常有限，只是屏幕可见的范围，当然绘图区可以比屏幕大，可以拖动，但最好的视域仍然是全屏，不拖动，视觉效果直观，用户体验好。比例尺将某一区域的值映射到另一区域，而其大小关系不变，展示数据的尺度和关系特征。本章将学习四种比例尺以及D3的配色方案。

第一节　D3 比例尺

一、比例尺概述

连续比例尺包括：线性比例尺、对数比例尺和指数比例尺。连续比例尺将一个连续的区间映射到另一个区间，输入域为连续区间，映射函数不同。

在比例尺中，输入，即定义域，通常是各种生产系统的原生数据，如中国各省人口数、人均GDP、出生人数等。输出，即值域，通常是可视化坐标区间。

二、线性比例尺

在D3.V4中，d3.scalelinear()返回一个线性比例尺。domain()和range()分别设定比例尺的定义域和值域，如果没有定义domain()和range()，将会得到一个默认比例尺，domain为[0, 1]，range为[0, 1]。

如下代码定义了一个线性比例尺，图5-1可以看到在JSbin中的运行结果。

程序编号：CH5/ScaleLinear.htm

```
<html>
  <head>
```

```
        <title>线性比例尺</title>
  </head>
  <body>
    <script src="../d3.v4.min.js" charset="utf-8"></script>
    <script>
        var x = d3.scaleLinear()
                  .domain([10, 130])
                  .range([0, 960]);
        console.log(x(10));
        console.log(x(100));
        console.log(x(130));
    </script>
   </body>
</html>
```

图 5-1　D3.V4 线性比例尺

此例中，x(10)的结果为0，x(100)的结果为720。

相当于把一个[10,130]范围内的数据，映射到[0,960]区间。根据（10,0）和（130,960）这两点得出该比例尺的线性函数y=8*x-80，domain中的数据都可以得到在range中对应的值。

三、对数比例尺

对数比例尺和线性比例尺很类似，其输出范围的y值可以表示为 y=m*log(x)+b。对数比例尺中domain的值有限制，不能是0，且必须是严格的正递增或负递减。d3.scaleLog()方法构建一个默认域为[1,10]的对数比例尺，默认范围为[0,1]，底数是10。也可以使用base([base])方法来指定底数。

如下代码定义了一个对数比例尺，运行结果见图5-2。

程序编号：CH2/ScaleLog.htm

```
<html>
  <head>
        <title>对数比例尺</title>
  </head>
  <body>
    <script src="../d3.v4.min.js" charset="utf-8"></script>
    <script>
        var x = d3.scaleLog()
                      .domain([1,10000])
                      .range([0,4]);
        console.log(x(10));
        console.log(x(100));
        console.log(x(100));
    </script>
   </body>
</html>
```

图 5-2　D3.V4 对数比例尺

其中 x(100) 的值经对数比例尺映射为 2。

四、指数比例尺

指数比例尺的映射函数为 y=m*x^k+b。

在 D3 中可以用 d3.scalePow() 方法创建一个默认指数比例尺，默认的 domain 为 [0,1]，range 为 [0,1]，默认指数为 1，可以用 exponent(k) 指定指数。

```
<html>
  <head>
```

```
        <title>指数比例尺</title>
  </head>
  <body>
    <script src="../d3.v4.min.js" charset="utf-8"></script>
    <script>
        var x = d3.scalePow()
                  .exponent(2)    //指数为2
                  .domain([1,5])  //定义域
                  .range([1,25]);//值域
        console.log(x(1));
        console.log(x(3));
        console.log(x(5));
    </script>
  </body>
</html>
```

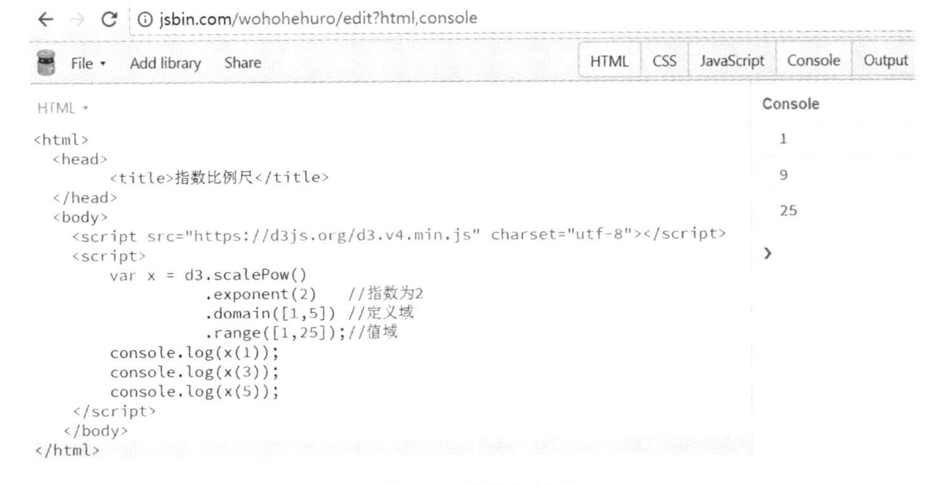

图 5–3　指数比例尺

程序中指定了指数为2，定义域[1,5]，值域为[1,25]，运行结果x(3)=9。

第二节　比例尺 API

一、比例尺值域类型

D3输出范围可以是任何类型，例如颜色、字符串或者其他任意对象。

在D3中有许多插值器，会自动判断值域的类型，然后调用。如下代码显示了颜色

类型的线性比例尺和插值器。

程序编号：CH5/interScale.htm

```
<html>
  <head>
        <title>线性色彩比例尺</title>
  </head>
  <body>
    <script src="../d3.v4.min.js" charset="utf-8"></script>
    <script>
    var color = d3.scaleLinear()
                  .domain([0, 100])
                  .range(["black", "white"]);
        console.log(color(0));
        console.log(color(100);
        console.log(color(50));
    </script>
   </body>
</html>
```

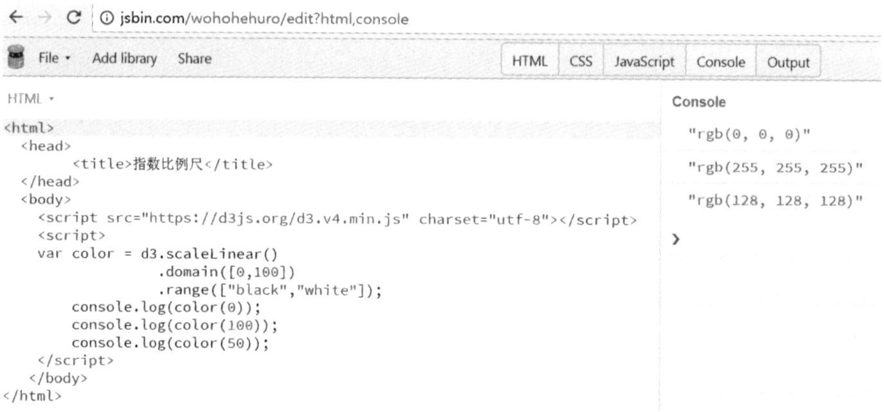

图 5-4 线性色彩比例尺

根据插值和线性比例尺，color(50)的返回结果是rgb(128,128,128)。

二、逆运算

逆运算invert()方法根据值域range中的值得到对应的定义域domain中的值。在CH5/ScaleLinear.htm中x.invert(960)返回值为130。运行结果见图5-5。

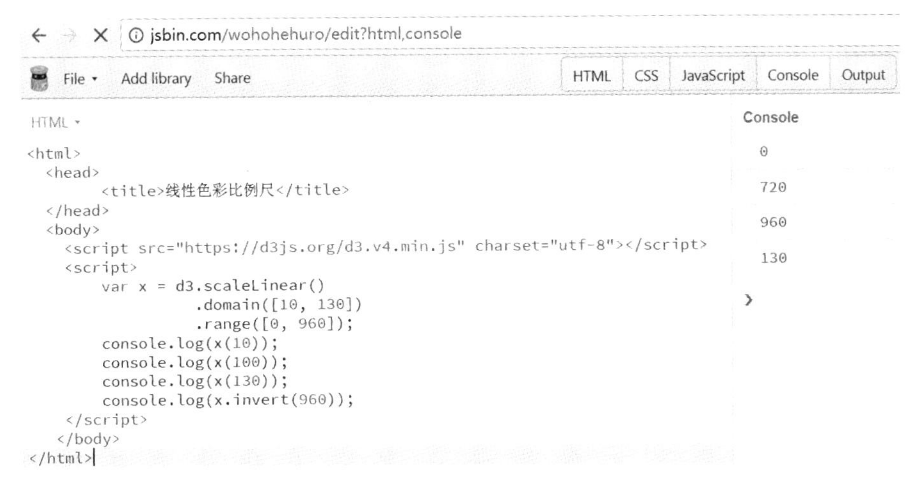

图 5–5 比例尺逆运算

三、分段比例尺

一般来说，domain和range会给两个值来表示起始范围，也可以用多个值来创建一个分段的比例尺，即分段线性、分段指数、分段对数比例尺。下面程序创建分段线性比例尺，运行结果见图5–6。

程序编号：CH5/ParaScale.htm

```
<html>
  <head>
        <title>分段线性色彩比例尺</title>
  </head>
  <body>
    <script src="../d3.v4.min.js" charset="utf-8"></script>
    <script>
        var color = d3.scaleLinear()
                      .domain([-1, 0, 1])
                      .range(["red", "white", "green"]);
        console.log(color (-1));
        console.log(color (0));
        console.log(color (1));
        console.log(color (-0.5));
        console.log(color (0.5));
    </script>
   </body>
</html>
```

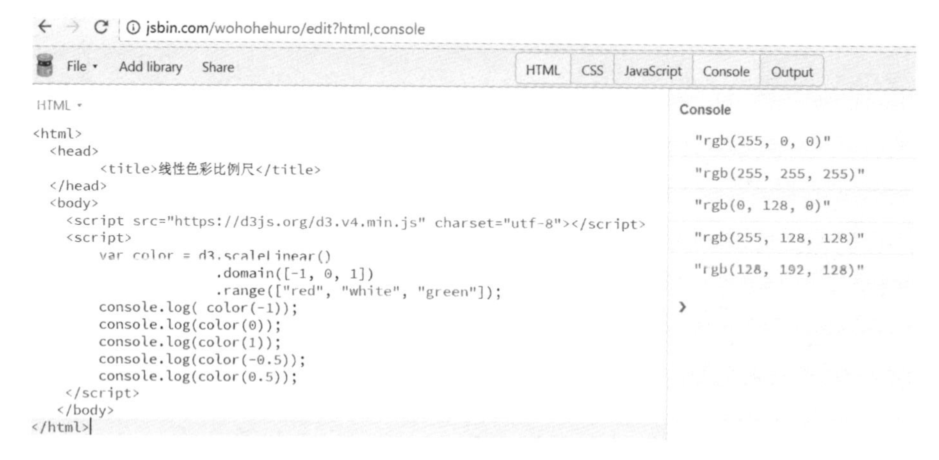

图 5-6　分段比例尺

此处color(-0.5)返回值RGB(255, 128, 128)，color(0.5)返回值RGB(128, 192, 128)，其中green为RGB(0,128,0)。

四、边界处理

边界控制函数：clamp(bool)。它规定当输入数据超出domain范围或range时如何计算，默认为false，表示根据线性函数输出一个range范围外的值；若设置为true，则返回domain或者range的左值。

优化比例尺定义域函数：nice(count)。此方法返回一个最接近原定义域的且范围为整数或精度较小的浮点数。

刻度指定函数：ticks(n)。它指定了除了最大值和最小值以外最多有多少个刻度，默认为10。

第三节　序数比例尺与D3配色

一、序数比例尺

序数比例尺的输入域是离散的，如：一组名称或类别。

构造比例尺函数：d3.scaleOrdinal()。如果指定了输入参数values，设置输入域为指定的values数组，按照顺序一一映射。序数比例尺的输入域是否指定是可选的，但是输出范围必须明确指定。序数比例尺是从定义域到值域逐个映射，当定义域数据个数比值域数据个数多的时候，定义域数据个数对值域数据个数取余后，再次逐个映射。

如图 5–7 所示，因此不难理解 o(3)=0，o(4)=100。

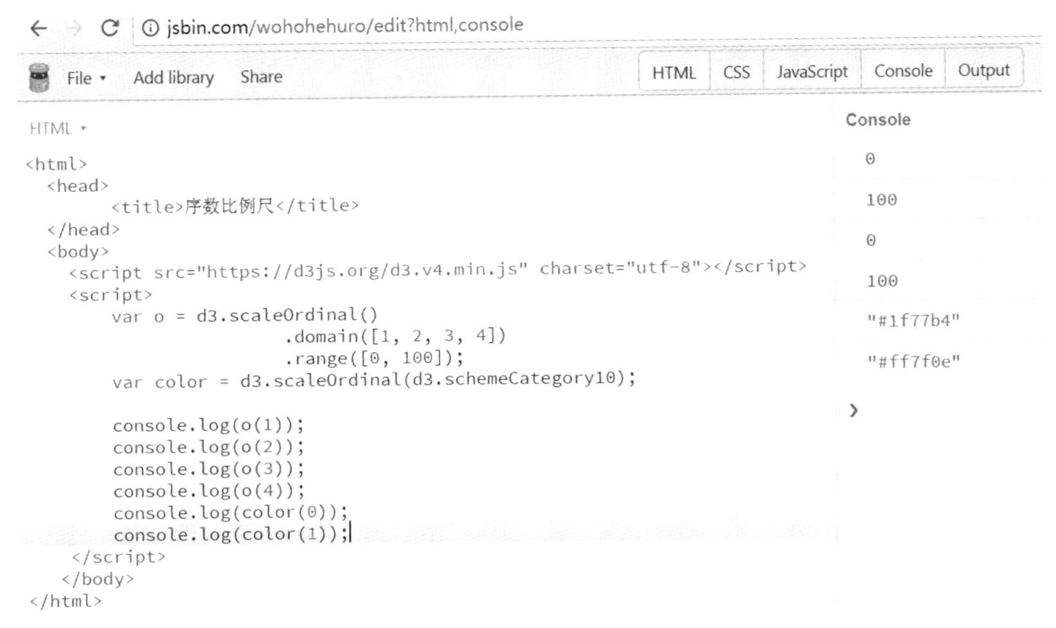

图 5–7　序数比例尺

二、D3配色方案

D3 的配色采用了序数比例尺。根据序数比例尺的映射规则，如果数据对象多于配色的色彩值，即从第一个色彩开始使用。

由于 D3 配色的考究，其在一些场合被广泛使用，在前面第三章直方图的绘制中就使用了 D3 配色。

D3 自带的配色方案经常在实际应用中使用，作为 D3 最大的优势和特色之一，D3 配色方案不仅省去了调色的时间，还让所有 D3 的作品色系和风格得到了一定程度的统一。

D3 配色构造函数和色彩对应情况见表 5–1。d3.scale.category10() 就是构造一个新的序数比例尺，使用表 5–1 中的 10 种类型的颜色。

表 5-1　D3 配色方案

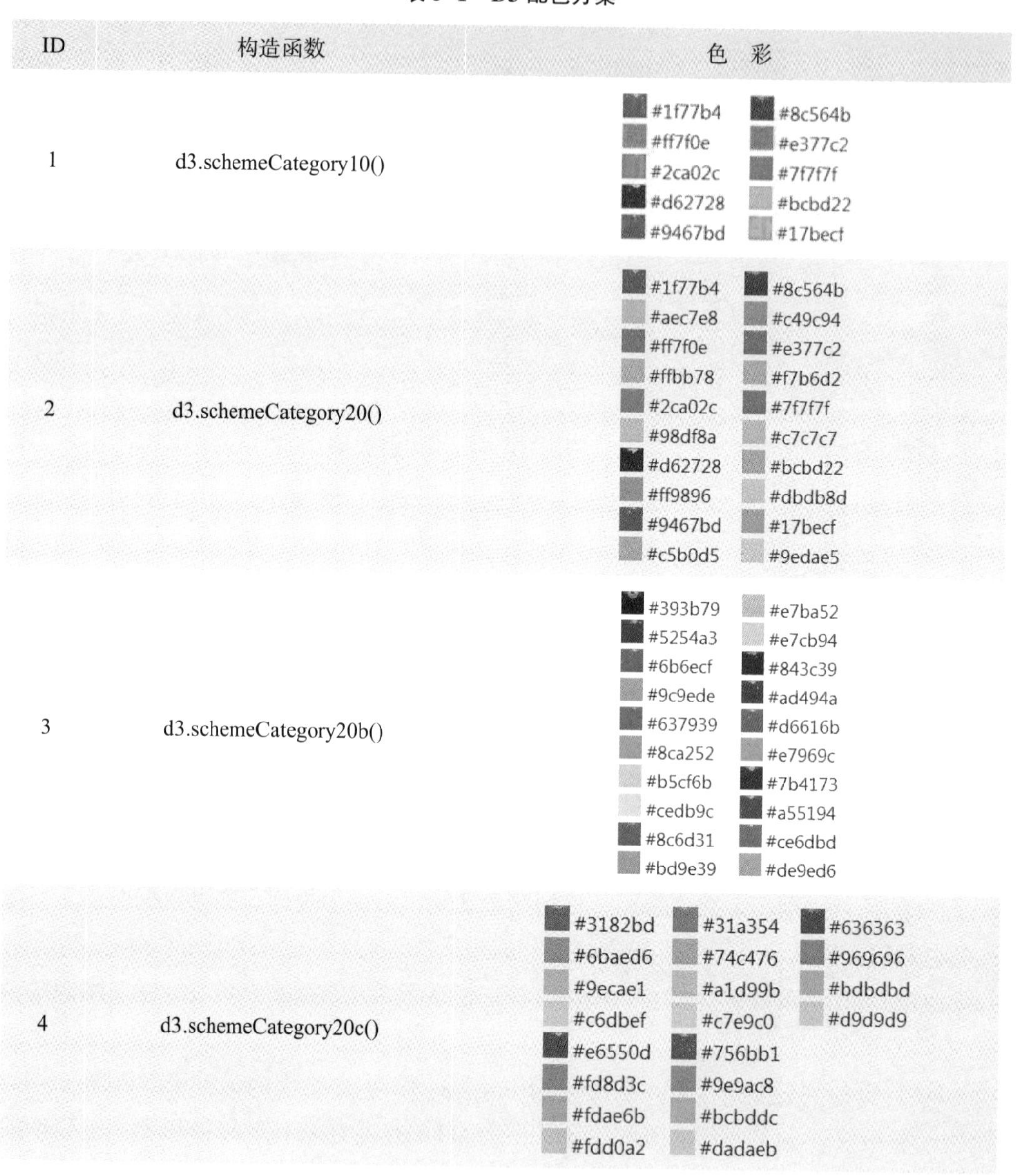

ID	构造函数	色彩
1	d3.schemeCategory10()	#1f77b4 #ff7f0e #2ca02c #d62728 #9467bd #8c564b #e377c2 #7f7f7f #bcbd22 #17becf
2	d3.schemeCategory20()	#1f77b4 #aec7e8 #ff7f0e #ffbb78 #2ca02c #98df8a #d62728 #ff9896 #9467bd #c5b0d5 #8c564b #c49c94 #e377c2 #f7b6d2 #7f7f7f #c7c7c7 #bcbd22 #dbdb8d #17becf #9edae5
3	d3.schemeCategory20b()	#393b79 #5254a3 #6b6ecf #9c9ede #637939 #8ca252 #b5cf6b #cedb9c #8c6d31 #bd9e39 #e7ba52 #e7cb94 #843c39 #ad494a #d6616b #e7969c #7b4173 #a55194 #ce6dbd #de9ed6
4	d3.schemeCategory20c()	#3182bd #6baed6 #9ecae1 #c6dbef #e6550d #fd8d3c #fdae6b #fdd0a2 #31a354 #74c476 #a1d99b #c7e9c0 #756bb1 #9e9ac8 #bcbddc #dadaeb #636363 #969696 #bdbdbd #d9d9d9

小结

本章论述了D3的比例尺和配色，这组API对于开发新的可视化算法很有益，帮助开发者做了很多基本的数据空间转换和调色工作，使开发者可以更专注于设计图形的布局和信息表达。

第六章 D3 动画与交互

D3的动画和交互本质上是由CSS和JavaScript完成的。不仅能改善用户体验，数据可视化中动画和交互的意义在于从多维度展示数据，特别是交互，扩展了数据可视化的信息量。

第一节 D3 动画

一、D3动画概述

D3图表动画，指图表在某一时间段形状、颜色、位置、尺寸等发生某种变化，而且用户可以看到变化的过程。动画的效果在D3中被称为过渡。

二、D3动画API

D3提供了4种方法用于控制、实现图形的过渡：即从状态A变为状态B。

（一）Transition()方法

它用于启动过渡的效果，需要给出过渡变化前后不同的样式，如形状、位置、颜色、尺寸等。

```
.attr( “fill” ,” red” )  //初始色彩” red”
.transition()           //过渡
.attr( “fill” ,” blue” ) //终止色彩” blue”
```

D3自动对两种颜色（红色和蓝色）之间的颜色值（RGB值）计算插值，得到过渡颜色值。

（二）Duration()方法

它指定过渡的持续时间，单位为毫秒。如duration(2000)指持续2000毫秒，即2秒。

（三）Ease()方法

它用于指定过渡的方式，其参数即过渡样式，常用的过渡方式有：
linear：线性变化。
circle：缓慢变换到最终状态。
elastic：弹跳变化到最终状态。
bounce：在最终状态处弹跳几次。
调用格式：ease(“bounce”)。

（四）Delay()方法

它指定延迟的时间，表示一定时间后才开始变化，单位为毫秒。可以对整体指定延迟，也可以对个别对象指定延迟。

三、动画效果实例

下面对一个直方图实现生长的动画效果。程序见CH6/TransitionHist.htm。

程序编号：CH6/TransitionHist.htm

```
<html>
  <head>
        <meta charset="utf-8">
        <title>D3动画-直方图</title>
  </head>
  <body>
    <script src="../d3.v3.min.js" charset="utf-8"></script>
    <script>
        var width=(window.innerWidth||document.documentElement.clientWidth||
document.body.clientWidth)*0.98;
        var height=(window.innerHeight||document.documentElement.clientHeight||
document.body.clientHeight)*0.9;
        var color = d3.scale.category10();

        var dataset =new Array(10);
        for (var i=0;i<dataset.length;i++){
            dataset[i]=height*Math.random();
```

```
        }
        var svg = d3.select("body")           //选择<body>
                    .append("svg")            //在<body>中添加<svg>
                    .attr("width", width)     //设定<svg>的宽度属性
                    .attr("height", height);//设定<svg>的高度属性
        //矩形所占的宽度（包括空白），单位为像素
        var rectStep =width/dataset.length;
        //矩形所占的宽度（不包括空白），单位为像素
        var rectWidth =rectStep-10;
        var rect = svg.selectAll("rect")
                        .data(dataset)     //绑定数据
                        .enter()           //获取enter部分
                        .append("rect")   //添加rect元素，使其与绑定数组的长度一致
                        .attr("x", function(d,i){          //设置矩形的x坐标
                            return i * rectStep;
                        })
                        .attr("y", height)
                        .attr("fill", function(i){
                            return color(i);
                        })
                        .attr("width",rectWidth)           //设置矩形的宽度
                        .attr("height",0)
                        .transition()
                        .duration(2000)
                        .ease("bounce")
                        .attr("height",function(d){ //设置矩形的高度
                            return d;
                        })
                        .attr("y", function(d){       //设置矩形的y坐标
                            return height-d;
                        });
    </script>
  </body>
</html>
```

程序的运行结果见图6-1。

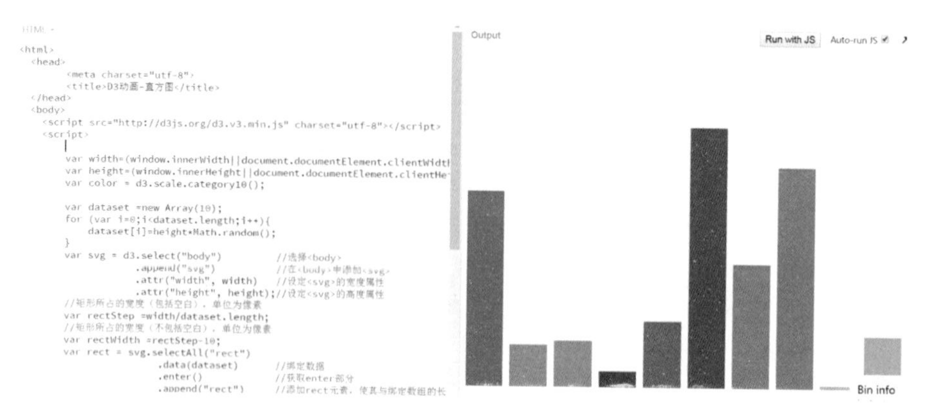

图 6–1 带有生长动画的直方图

第二节 鼠标交互

一、D3图形交互

图表的交互，指在图形元素上设置一个或多个监听器，当事件发生时，图表做出相应的反应。

对数据可视化来说，交互能使图表更加生动，表现更多内容。例如，拖动某些图形元素、鼠标滑到图形上出现提示框、用触屏放大或缩小图形等。

目前用户交互工具有三种：鼠标、键盘、触屏。

二、响应DOM事件

响应DOM事件是D3.js可视化交互的本质，下面先介绍DOM事件。

（一）selection.on事件监听操作符

它可以添加或移除选择集中每个DOM元素的事件监听函数：

selection.on(type[,listener[,capture]])

参数type是一个DOM事件类型字符串，指明要监听的事件，如：“click”“mouseover”“submit”等，可以使用浏览器支持的任何事件类型。

参数capture和listener是可选的。

（二）d3.event：DOM事件对象

D3的事件监听函数在触发时，为简单起见，传入的参数中没有DOM事件对象。但是，在很多应用场景下，需要DOM事件对象，如：当鼠标点击时，想获取(x,y)坐标，或者判断用户点击的是左键还是右键。D3使用一个全局变量来提供DOM事件对象：d3.event。

D3.event仅在监听函数中有效。当事件触发时，D3就将DOM事件对象赋给d3.event，并在监听器处理完之后将其清除。

常用的事件（event）如下：

Click：鼠标单击某元素时，相当于将 mousedown 和 mouseup 组合在一起。

Mouseover：鼠标移到某元素上。

Mouseout：鼠标从某元素移开。

Mousemove：鼠标被移动。

Mousedown：鼠标按钮被按下。

Mouseup：鼠标按钮被松开。

Dblclick：鼠标双击。

三、实例操作：鼠标交互直方图动画

通过为直方图添加交互操作和为饼图制作提示框来介绍鼠标交互的实现。

程序编号：CH6/MouseHist.htm

```
<html>
<head>
<meta charset="utf-8">
<title>D3动画-直方图</title>
</head>
<body>
<script src="../d3.v3.min.js" charset="utf-8"></script>
<script>
var width=(window.innerWidth||document.documentElement.clientWidth||
document.body.clientWidth)*0.98;
var height=(window.innerHeight||document.documentElement.clientHeight||
document.body.clientHeight)*0.9;
var color = d3.scale.category10();

var dataset =new Array(10);
for (var i=0;i<dataset.length;i++){
dataset[i]=height*Math.random();
```

```
}
var svg = d3.select("body")                        //选择<body>
          .append("svg")                           //在<body>中添加<svg>
          .attr("width", width)                    //设定<svg>的宽度属性
          .attr("height", height);                 //设定<svg>的高度属性
//矩形所占的宽度（包括空白），单位为像素
var rectStep =width/dataset.length;
//矩形所占的宽度（不包括空白），单位为像素
var rectWidth =rectStep-10;
var rect = svg.selectAll("rect")
            .data(dataset)          //绑定数据
            .enter()                //获取enter部分
            .append("rect")         //添加rect元素，使其与绑定数组的长度一致
            .attr("x", function(d,i){           //设置矩形的x坐标
              return i * rectStep;
             })
             .attr("y", function(d){            //设置矩形的y坐标
                   return height-d;
             })
             .attr("fill", function(i){
                   return color(i);
              })
            .attr("width",rectWidth)            //设置矩形的宽度
            .attr("height",function(d){         //设置矩形的高度
              return d;
            })
           .on("click",function(d,i){
                  d3.select(this)
                    .attr("fill","green");
            })
           .on("mouseover",function(d,i){
                  d3.select(this)
                    .attr("fill","yellow");
            })
           .on("mouseout",function(d,i){
                  d3.select(this)
                    .transition()
                    .duration(500)
                    .attr("fill","red");
          });
</script>
</body>
</html>
```

上面的代码添加了鼠标点击（click）、鼠标移入（mouseover）、鼠标移出（mouseout）三个操作。函数中都调用了d3.select(this)，表示选择当前的元素，即交互只是对选择的元素操作。

为了使鼠标移出元素时产生渐变效果，此处使用了transition()和duration()方法。程序运行结果见图6–2。

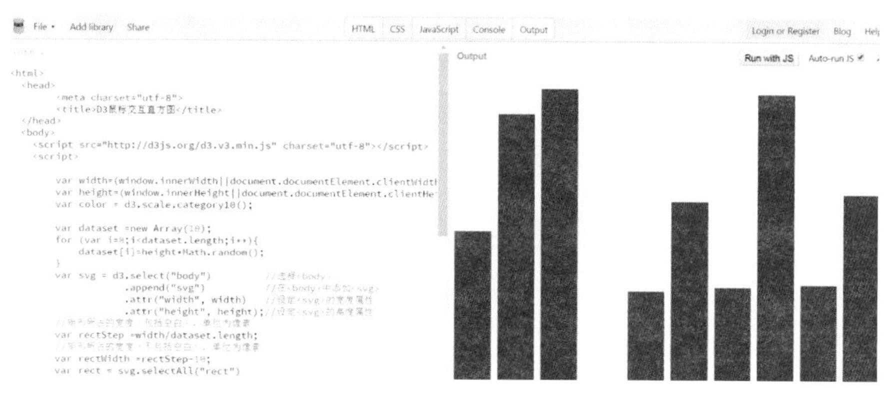

图 6–2　鼠标交互直方图

四、实例操作：鼠标交互提示框

一般来说，图表中不宜存在过多文字。在可视化环境中，常用提示框提供文字描述。当用户鼠标移入某图形元素时，弹出提示框。

（一）提示框分析

提示框，采用SVG的“文字”加“边框”构造。如果字符串过长，<text>元素不能自动换行，虽然可以通过<text>的子元素<tspan>来模拟自动换行的功能，但是比较麻烦。

<text>是SVG的元素。也就是说，<text>是“图形”而非“文字”，它与SVG中的<circle>、<line>、<path>等元素本质上一样，当输出SVG图形时，<text>也会作为图形的一部分输出。因此，SVG的<text>元素不适合制作提示框。

（二）DIV提示框

实现提示框的另一种方法是采用<div>和CSS。DIV是HTML的元素，在样式中设定其定位方法为绝对定位，代码片段如下：

```
.tooltip{
    position: absolute;
    width: 120;
```

```
    height: auto;
}
```

当监听到鼠标事件时，用鼠标的坐标为提示框定位即可，代码片段如下：

```
element.on("mouseover",function(d){
    tooltip.style("left",(d3.event.pageX)+"px")
           .style("top",(d3.event.pageY)+"px");
}
```

在实际应用中，为使提示框美观，还需为div设置更多的样式。

（三）为饼状图添加提示框

在<body>中添加一个块元素<div>，透明度设定为 0，即完全透明，div的类设定为 tooltip。

```
var tooltip = d3.select("body")
                .append("div")
                .attr("class","tooltip")
                .style("opacity",0.0);
```

本例完整代码为CH6/TipMousePie.htm。

程序编号：CH6/TipMousePie.htm

```
<html>
    <head>
        <meta charset="utf-8">
        <title>饼状图</title>
        <style>
              .tooltip{
                 font-family: simsun;
                 font-size: 14px;
                 width: 120;
                 height: auto;
                 position: absolute;
                 text-align: center;
                 border-style: solid;
                 border-width: 1px;
                 background-color: white;
                 border-radius: 5px;
              }
        </style>
    </head>
    <body>
```

```
        <script src="../d3.v4.min.js" charset="utf-8"></script>
        <script>
            var w=window.innerWidth|| document.documentElement.clientWidth||
document.body.clientWidth;
            var h=window.innerHeight|| document.documentElement.clientHeight||
document.body.clientHeight;
            var width = w*0.98;
            var height =h*0.96;
            var dataset = [["Chrome",39.49],["IE",29.06],["QQ",4.84],["2345",4.28],["搜
狗高速",4.19],["猎豹",2.24],["其他",15.91]];
            var svg = d3.select("body")
                        .append("svg")
                        .attr("width", width)
                        .attr("height", height);
            var pie = d3.pie()
                        .value(function(d){return d[1];});
            var piedata = pie(dataset);
            var outerRadius = 150;      //外半径
            var innerRadius = 0;        //内半径，为0则中间没有空白
            var arc = d3.arc()          //弧生成器
                        .innerRadius(innerRadius)    //设置内半径
                        .outerRadius(outerRadius);   //设置外半径
            var color = d3.scaleOrdinal(d3.schemeCategory10);
            var arcs = svg.selectAll("g")
                          .data(piedata)
                          .enter()
                          .append("g")
                          .attr("transform","translate("+ (width/2) +","+ (height/2)
+")");
            arcs.append("path")
                .attr("fill",function(d,i){
                    return color(i);
                })
                .attr("d",function(d){
                    return arc(d);      //将角度转为弧度（d3使用弧度绘制）
                });

            arcs.append("text")
                .attr("transform",function(d){
                    var x = arc.centroid(d)[0] * 1.1;
                    var y = arc.centroid(d)[1] * 1.1;
                    return "translate(" + x + "," + y + ")";
```

```
                })
                .attr("text-anchor","middle")
                .attr("font-size",function(d) {
                    return d.data[1] + "px";
                })
                .text(function(d){
                    return d.value + "%";
                })
                .on("mouseover",function(d,i){
                    if(d.data[1]<10){
                        d3.select(this)
                        .attr("font-size",24);
                    }
                })
                .on("mouseout",function(d,i){
                    if(d.data[1]<10){
                        d3.select(this)
                        .attr("font-size",function(d) {
                            return d.value + "px";
                        });
                    }
                });
            //添加一个提示框
            var tooltip = d3.select("body")
                                    .append("div")
                                    .attr("class","tooltip")
                                    .style("opacity",0.0);

            arcs.on("mouseover",function(d){
                    tooltip.html(d.data[0] + "浏览器市场份额" + "<br />" +
d.data[1]+"%")
                        .style("left", (d3.event.pageX) + "px")
                        .style("top", (d3.event.pageY + 20) + "px")
                        .style("opacity",1.0);
                })
                .on("mousemove",function(d){
                    tooltip.style("left", (d3.event.pageX) + "px")
                            .style("top", (d3.event.pageY + 20) + "px");
                })
                .on("mouseout",function(d){
                    tooltip.style("opacity",0.0);
                });
        </script>
```

```
    </body>
</html>
```

在CSS的<style>中定义tooltip样式，并将其定位方式设置为绝对定位，这个非常重要。

为饼状图的各图形元素定制鼠标事件的监听器，其中包括：mouseover、mousemove和mouseout。

d3.event.pageX 和 d3.event.pageY 是当前鼠标相对于浏览器页面的坐标，对于绝对定位的<div>元素，其样式left和top也是相对于浏览器页面来说的。赋值的时候，令top的值为d3.event.pageY+20，使提示框显示在鼠标位置下方，以防止鼠标在提示框上移动不能触发事件。

程序运行在JSBin中的运行结果见图6–3。

图6–3 带有提示框的饼图

第三节 键盘交互

鼠标只有三个基本部件：左键，右键以及滚轮。而键盘是由几十个不同的按键组成的一个复杂的输入设备，此外还有内置的系统按键或者组合按键，比较复杂，然而在数据可视化中，键盘交互使用不如鼠标交互使用频繁，但键盘交互在游戏中格外重要。

一、键盘事件

在JavaScript中，用户在键盘输入的不同的字符对应一个内部的keyCode，程序中使用keyCode实现键盘交互。

键盘常用的事件有三个：

Keydown：当用户按下任意键时触发，按住不放会重复触发此事件。该事件不会区分字母的大小写，例如“A”和“a”被视为一致。

keypress：当用户按下字符键（大小写字母、数字、加号、等号、回车等）时触发，按住不放会重复触发此事件。该事件区分字母的大小写。

keyup：当用户释放键时触发，不区分字母的大小写。

二、JavaScript的键盘交互实例

下面给出一个实例说明键盘交互，程序代码CH6/KeyCode.htm，运行结果见图6–4。

程序代码：CH6/KeyCode.htm

```
<html>
    <head>
        <script src="../d3.v3.min.js" charset="utf-8"></script>
    </head>
    <body>
        <script type="text/javascript" language=JavaScript charset="UTF-8">
            var width = 500, height = 500;
            var svg = d3.select("body")
                        .append("svg")
                        .attr("width",width)
                        .attr("height",height);

            var circle = svg.append("circle")
                            .attr("cx", 100)
                            .attr("cy", 100)
                            .attr("r", 45)
                            .style("fill","green");

document.onkeydown=function(event){
var e = event || window.event || arguments.callee.caller.arguments[0];
                  if(e && e.keyCode==27){ // 按 Esc
                                        //要做的事情
                                        alert('KeyCode=27 (ESC) ');
                                        circle.style("fill","yellow")
                                  }
                                if(e && e.keyCode==113){ // 按 F2
                                         //要做的事情
                                        alert('KeyCode=113 (F2) ');
```

```
                        }
                    if(e && e.keyCode==13){ // enter 键
                            //要做的事情
                            alert('KeyCode=13(Enter)');
                    }
            };
        </script>
    </body>
</html>
```

程序监听了键盘事件。通过检测用户的输入并获取事件对象，也就是e，然后通过e本身的keyCode属性，根据用户的不同输入执行不同的函数。Esc按键对应的keyCode是27，F2按键对应的keyCode是113，Enter按键对应的keyCode是13。

图6-4 键盘事件在JSBin中运行结果

三、直方图键盘交互动画

利用本章第二节的直方图鼠标交互的程序CH6/TransitionHist.htm修改实现，整个直方图在用户按下任意键时变为黄色，松开时颜色变为蓝色。

选择整个html里面的body标签，定义键盘事件，当用户按下键盘的时候触发keydown事件，当用户松开键盘时触发keyup事件，触发事件后执行svg.selectAll("rect").attr("fill","yellow")语句，更改颜色，运行结果见图6-5。

程序代码：CH6/KeyHist.htm(代码片段)

```
d3.select("body").on("keydown",function(){
                    svg.selectAll("rect").attr("fill","yellow");
                })
                .on("keyup",function(){
```

```
                svg.selectAll("rect").attr("fill","blue");
            });
```

图 6–5　直方图键盘交互动画

小结

本章单独讲了D3的动画、鼠标交互和键盘交互，这些内容可以与后续的内容搭配，特别是交互，使可视化传达的信息量增加，对于改善用户体验非常有效。

CHAPTER 7

第七章 D3 力导向图

D3的力导向图是图论、复杂网络科学中数据可视化广泛使用的形式，在知识图谱、图数据库和社交网络中被广泛应用。力导向图是有典型算法的可视化布局。

第一节　D3 力导向算法

一、力导向算法概述

力导向布局算法是图、复杂网络可视化的典型算法，它基于物理系统的引力斥力模型为图上的节点和边布局，比较有效地解决了图布局的节点和边的重叠问题，也被称为弹簧算法。力导向布局首先为图中各节点赋予随机的初始位置，系统在弹簧的引力和斥力作用下，不停地运动，直至达到稳定平衡的状态。其缺点是不收敛，经多次迭代在系统能量小于一定值下，算法将节点固定在各自位置，强制结束迭代。

二、D3力导向算法

（一）力导向算法绘制过程

前述，D3的布局和绘图是分开的，布局负责计算各个元素在SVG绘图区的坐标，而绘制是通过基本的SVG图形完成的。力导向布局也不例外，即它只是对节点和边表示的图数据计算各个元素的位置，再由D3绘制SVG基本图形的语句实现。绘制过程见图7–1。

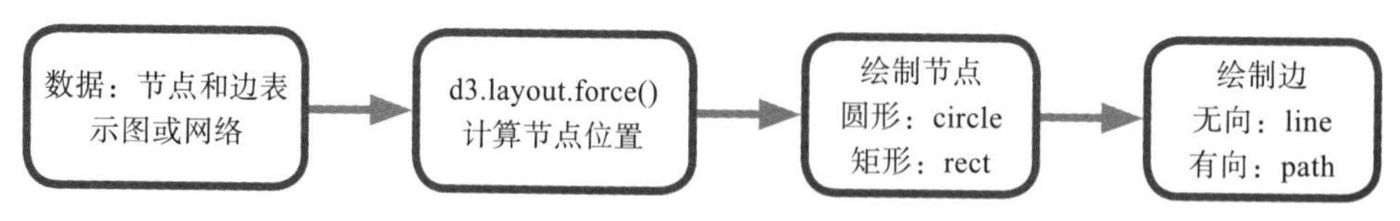

图 7-1 D3 力导向图的绘制流程

（二）D3 力导向实例

d3.layout.force()：构造一个力导向布局。为了直奔主题，先展示一个力导向布局的实例，代码 CH7/forceBasic.htm，因此例调用了本地的 JSON 文件，无法在 JSBin 中运行，本地运行结果见图 7-2。

程序编号：CH7/forceBasic.htm

```
<html>
    <head>
        <meta charset="utf-8">
        <style>
            .node {
              stroke: #fff;
              stroke-width: 1.5px;
            }
            .link {
              stroke: #999;
              stroke-opacity: .6;
            }
        </style>
    </head>
    <body>
        <script src="../d3.v3.min.js"></script>
        <script>
            var width=(window.innerWidth||document.documentElement.
                clientWidth||document.body.cl
ientWidth)*0.98;
            var height=(window.innerHeight||document.documentElement.clientHeight||
               document.body.clientHeight)*0.9;
            var color = d3.scale.category20();
            var force = d3.layout.force()                    //创建力导向布局
                .charge(-120)
                .linkDistance(100)
                .size([width, height]);
            var svg = d3.select("body").append("svg") //添加SVG绘图区
                .attr("width", width)
```

```
            .attr("height", height);
        d3.json("a.json", function(error, graph) {
              console.log(graph);
              force.nodes(graph.nodes)                    //绑定图的节点和边数据
                   .links(graph.links)
                   .start();
             var node = svg.selectAll(".node")      //绘制圆形表示的节点
                  .data(graph.nodes)
                  .enter().append("circle")
                  .attr("class", "node")
                  .attr("r", 16)
                  .style("fill", function(d) { return color(d.group); })
                  .call(force.drag);
             var link = svg.selectAll(".link")      //绘制直线表示的边
                  .data(graph.links)
                  .enter().append("line")
                  .attr("class", "link")
                  .style("stroke-width", function(d) {
                       return Math.sqrt(d.value); });
              force.on("tick", function() {
                link.attr("x1", function(d) { return d.source.x; })
                    .attr("y1", function(d) { return d.source.y; })
                    .attr("x2", function(d) { return d.target.x; })
                    .attr("y2", function(d) { return d.target.y; });
                node.attr("cx", function(d) { return d.x; })
                    .attr("cy", function(d) { return d.y; });
              });
             });
      </script>
    </body>
</html>
```

图数据文件：CH7/a.json

```
{"nodes":
    [   {"name":"@","group":0},
        {"name":"a","group":1},
        {"name":"b","group":2}
    ],
"links":
    [
        {"source":0,"target":1,"value":1},
        {"source":1,"target":2,"value":1},
        {"source":2,"target":0,"value":1}
```

```
        ]
    }
```

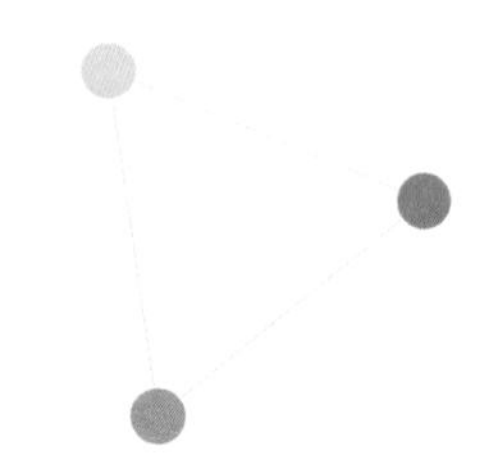

图 7–2　基本力导向图运行结果

程序中 force=d3.layout.force() 创建了力导向布局，斥力参数为 .charge(−120)，节点间的距离 .linkDistance(100)，布局所在的空间尺寸 .size([width, height])，然后添加一个 <svg>，为力导向布局对象变量 force 绑定数据 graph，graph 是读取自 JSON 文件 a.json 中的数据，它包含节点 node 和边 link 数据；force.start() 开始利用 D3 的力导向算法计算节点和边的参数；然后绘制节点，本例绘制的是 SVG 的 <circle>，circle 的半径为 16，节点支持拖拽；绘制节点之间的边，即 <line>；当力导向布局展开的时候调用 force.on("tick" , function(){}) 更新节点 <circle> 的圆心坐标 (cx,cy) 和 <line> 的坐标 (x1,y1) 及 (x2,y2)，这些坐标的值是通过计算 D3 的力导向布局 d3.layout.force() 获得。

三、D3 力导向布局 API

（一）基本配置参数

力导向 d3.layout.force() 的默认设置：尺寸 1 × 1，连线长度 1，摩擦 0.9，距离 20，斥力强度 −30，重力强度 0.1， θ 参数 0.8。默认的节点和边是空数组，当布局开始时，内部的 α 冷却参数被设置成 0.1。代码片段如下：

```
var force = d3.layout.force()
      .nodes(nodes)
      .links(links)
      .size([w, h])
      .linkStrength(0.1)
      .friction(0.9)
      .linkDistance(20)
      .charge(-30)
      .gravity(0.1)
      .theta(0.8)
```

```
    .alpha(0.1)
    .start();
```

特别值得一提的是，D3的布局和绘制分开，为可视化提供了灵活的表现方式。在力导向布局中，节点可以被映射到SVG的<circle>元素，也可以映射到<rect>，也可以显示节点作为符号或图片。

（二）节点相关参数

force.nodes([nodes])：设置布局节点为nodes数组，或者则返回当前数组。

每个节点具有以下属性：

index - nodes数组节点的索引（从零开始）。

x：当前节点的x坐标。

y：当前节点的y坐标。

px：前一个节点位置的x坐标。

py：前一个节点位置的y坐标。

fixed：一个布尔值，表示节点位置是否被锁定。

weight：节点权重，即节点的边数。

这些属性不必在传递节点给布局之前进行设置；如果他们都没有设置，合适的默认值将在布局进行初始化start时调用，但是，如果节点上存储有其他数据，数据属性不应该与上面使用的布局属性冲突。

force.size([width, height])：用于设置可用的布局尺寸。如果未指定size，则返回当前size，默认为[1,1]。Size影响力导向图的两方面：重力中心和初始的随机位置。重心为节点的中心。当节点被添加到力导向图布局，如果未设置x和y属性，则使用布局空间的均匀随机数初始化。

force.friction([friction])：指定摩擦系数friction，或者返回当前值，默认为0.9，可以理解为tick的衰减速度。

force.charge([charge])：指定电荷强度charge，或返回电荷强度，默认值为–30。

force.chargeDistance([distance])：设置电荷强度应用的最大距离，或者返回当前最大电荷距离，默认为无穷大。指定一个有限电荷距离可以提高力导向图的性能，并产生更本地化的布局。

force.gravity([gravity])：设置引力强度为指定的值，或返回当前的引力强度，默认为0.1。

force.theta([theta])：设定为Barnes–Hut近似的判定参数，或返回当前值，默认为0.8。与其他只影响两个节点的连接不同，此电荷力是全局的，所有节点相互影响，甚至是在未连通的子图里。

（三）连线相关参数

force.links([links])：设置布局的链接为指定的links 数组，或者返回当前数组，默认为空数组。

每个链接都有以下属性：

source：源节点（节点中的元素）。

target：目标节点（节点中的元素）。

源和目标属性的值可初始化为nodes 数组的索引。

force.linkDistance([distance])：设定节点间的距离，或返回当前边的距离，默认为20。distance可以是函数，以像素为单位。

force.linkStrength([strength])：设置连接强度为[0,1]范围内的值，或返回布局的连接强度，默认为1。

（四）动画相关参数

force.alpha([value])：设置力导向布局的冷却参数alpha，或者返回其值。如果值大于零，将重新启动力布局。运动过程中该系数不断减小，直到小于0.005，动画停止。

force.start()：将alpha设定为0.1后，开始计算。首次创建布局时必须被调用，然后分配节点和链接，每当节点或链接发生变化它应当再次调用。

force.stop()：相当于force.alpha(0)，终止模拟，冷却参数alpha设定为零。

force.tick()：执行力布局仿真，配合使用start()和 stop()计算静态布局。

（五）交互相关参数

force.drag()：拖拽操作。和节点中的call操作符一起使用，例如初始化时调用node.call(force.drag)。

第二节　《人民的名义》人物关系图

一、数据说明

《人民的名义》是2017年的一部热播电视剧，单集最高收视率为7.3%，平均收视率超过3.66%，刷新了省台卫视历史上所有收视纪录，以及近六年来电视剧的总收视纪录，成为毫无悬念的年度剧王。本节以该剧的人物关系作为数据源，分析力导向可视化的递进流程。

数据存储在JSON文件中，数据来自互联网并经手工整理获得。

```
var nodes=[
{name:"侯亮平",image:"hlp.jpg",intro:"—侯亮平是最高检反贪局侦查处处长，汉东省人民检察院副检察长兼反贪局局长。经过与腐败违法分子的斗争，最终将一批腐败分子送上了审判台，正义战胜邪恶，自己也迎来了成长。"},
{name:"高育良",image:"gyl.jpg",intro:"—高育良是汉东省省委副书记兼政法委书记。年近六十，是一个擅长太极功夫的官场老手。侯亮平、陈海和祁同伟都是其学生。"},
{name:"祁同伟",image:"qtw.jpg",intro:"—祈同伟是汉东省公安厅厅长。出身农民，曾想凭自己的努力走上去，内心渴望成为一个胜天半子的人，但现实却沉重地打击了他，进而走上了不归路"},{name:"陈海",image:"ch.jpg",intro:"—陈海是汉东省人民检察院反贪局局长。他不畏强权、裁决果断，一出场就与汉东官场权利正面交锋；他廉明正直、重情重义，与好兄弟侯亮平携手战斗在反腐第一线，他遭遇暗害惨出车祸而躺在医院。"},
{name:"蔡成功",image:"ccg.jpg",intro:"—蔡成功是汉东省大风厂董事长、法人代表，为人狡诈，为了招标成功而贿赂政府官员，甚至连发小反贪局局长侯亮平也企图想去贿赂。"},
{name:"高小琴",image:"gxq.jpg",intro:"—高小琴是山水集团董事长，也是一位叱咤于政界和商界的风云人物，处事圆滑、精明干练。在与官员沟通时更是辩口利辞，沉稳大气，拥有高智商和高情商，并得到以"猴精"著称的反贪局长侯亮平冠以"美女蛇"的称号。"},
{name:"高小凤",image:"gxf.jpg",intro:"—高小凤是高小琴的孪生妹妹，高育良的情妇。"},
{name:"陆亦可",image:"lyk.jpg",intro:"—陆亦可是汉东省检察院反贪局的女检查官，表面冷峻决绝，内心重情重义。大龄未嫁的她面临着家庭逼婚的困境，而她抗婚是因为对反贪局长陈海一往情深。然而陈海惨遭横祸，她收起悲愤去探求真相拨云见雾，同时在公安局长赵东来的追求中获得真爱。"},
{name:"赵东来",image:"zdl.jpg",intro:"—赵东来是汉东省京州市公安局局长。看似直来直去，但却深谋远虑，智勇双全。为了保护正义的尊严，报着坚决整治恶势力的决心，在与检察部门的合作中从最初的质疑到之后的通力配合，展现出现代执法机构的反腐决心。"},
{name:"陈岩石",image:"cys.jpg",intro:"—陈岩石是离休干部、汉东省检察院前常务副检察长。充满正义，平凡而普通的共产党人。对大老虎赵立春，以各种形式执着举报了十二年。在这场关系党和国家生死存亡的斗争中，老人家以耄耋高龄，义无反顾"},
{name:"李达康",image:"ldk.jpg",intro:"—李达康是汉东省省委常委，京州市市委书记，是一个正义无私的好官。但为人过于爱惜自己的羽毛，对待身边的亲人和朋友显得过于无情"},
{name:"沙瑞金",image:"srj.jpg",intro:"—沙瑞金是汉东省省委书记。刚至汉东便发生丁义珍出逃美国事件，又遇到大风厂案。深知汉东政治情况的沙瑞金支持侯亮平查案，要求他上不封顶。"},
{name:"欧阳菁",image:"oyj.jpg",intro:"—欧阳菁是汉东省京州市城市银行副行长，京州市市委书记李达康的妻子，后因感情不和离婚。她曾利用职务的便利贪赃枉法。"},
{name:"丁义珍",image:"dyz.jpg",intro:"—丁义珍英文名汤姆丁。汉东省京州市副市长兼光明区区委书记。贪污腐败，逃往国外。"},
{name:"季昌明",image:"jcm.jpg",intro:"—季昌明是汉东省省级检察院检察长。清廉负责，为人正直，性格温和，但也有些拘泥于教条。对初到汉东省的侯亮平提供了极大地帮助，为破解案件起到了极大地作用。"},
{name:"钟小艾",image:"zxa.jpg",intro:"—钟小艾是侯亮平的妻子，中纪委调查组的委派员。"},
{name:"赵瑞龙",image:"zrl.jpg",intro:"—赵瑞龙是副国级人物赵立春的公子哥，官二代，打着老子的旗子，黑白两道通吃，权倾一时。把汉东省搅得天翻地覆。"}];

var edges=[
{source:0,target:1,relation:"师生"},{source:0,target:2,relation:"同门"},
```

```
{source:0,target:3,relation:"同学&挚友"},{source:0,target:7,relation:"同事"},
{source:0,target:15,relation:"夫妻"},{source:14,target:0,relation:"上下级"},
{source:1,target:2,relation:"师生"},{source:1,target:3,relation:"师生"},
{source:1,target:6,relation:"情人"}, {source:1,target:11,relation:"上下级"},
{source:1,target:10,relation:"政敌"}, {source:2,target:5,relation:"情人"},
{source:2,target:3,relation:"同门&陷害"},{source:2,target:11,relation:"上下级"},
{source:3,target:9,relation:"父子"},{source:4,target:5,relation:"商业对手},
{source:5,target:6,relation:"孪生姐妹"},{source:8,target:11,relation:"上下级"},
{source:9,target:11,relation:"故交"},{source:10,target:11,relation:"上下级"},
{source:10,target:12,relation:"夫妻"},{source:13,target:10,relation:"上下级"},
{source:12,target:4,relation:"行受贿"},{source:16,target:2,relation:"利益关系"},
{source:16,target:5,relation:"利益关系"}];
```

二、基本力导向图

基本力导向图如下，见代码CH7/renmin-1.htm。为节省篇幅，代码中只写了两个节点和三条边的数据，详细数据可以参见本书配套代码和数据说明中的数据。其中节点的半径用节点的边数驱动，D3的节点属性d.weight表示节点的边数。

程序编号：CH7/renmin-1.htm

```
<html>
  <head>
    <title>人名的名义》人物关系
    </title>
  </head>
  <body style=" opacity:1">
    <script src="https://d3js.org/d3.v3.min.js" charset="utf-8" ></script>
    <script type="text/javascript">
        var width=(window.innerWidth||document.documentElement.clientWidth||
            document.body.clientWidth)*0.98;
        var height=(window.innerHeight||document.documentElement.clientHeight||
            document.body.clientHeight)*0.9;
        var radius=10;
        var svg=d3.select("body")
                .append("svg")
                .attr("width",width)
                .attr("height",height);
       var nodes=[{name:"侯亮平",image:"hlp.jpg",intro:"—侯亮平是最高检反贪局
            侦查处处长，汉东省人民检察院副检察长兼反贪局局长。经过与腐败违法分子的斗争，
            最终将一批腐败分子送上了审判台，正义战胜邪恶，自己也迎来了成长。"},
            {name:"高育良",image:"gyl.jpg",intro:"—高育良是汉东省省委副书记兼政法委书
            记。年近六十，是一个擅长太极功夫的官场老手。侯亮平、陈海和祁同伟都是其学生。"},
```

```
        {name:"祁同伟",image:"qtw.jpg",intro:"—祈同伟是汉东省公安厅厅长。出身
        农民，曾想凭自己的努力走上去，内心渴望成为一个胜天半子的人，但现实却沉重地打击
        了他，进而走上了不归路"}];
    var edges=[{source:0,target:1,relation:"师生"}, {source:0,
        target:2,relation:"同门"}];
    var force=d3.layout.force()
            .nodes(nodes)
            .links(edges)
            .size([width,height])
            .linkDistance(200)
            .charge(-600)
            .start();
    var color=d3.scale.category20();
    var lines=svg.selectAll(".forceLine")
             .data(edges)
             .enter()
             .append("line")
             .attr("class","forceLine")
             .style("stroke","gray")
             .style("opacity",0.4)
             .style("stroke-width",2);
    var circles=svg.selectAll("forceCircle")
               .data(nodes)
               .enter()
               .append("circle")
               .attr("class","forceCircle")
               .attr("r", function(d,i){return d.weight*2;})
               .style("stroke","DarkGray")
               .style("stroke-width","1.0px")
               .attr("fill",function(d,i){return color(i);})
               .call(force.drag);
    force.on("tick",function(){
          lines.attr("x1",function(d){return d.source.x;});
          lines.attr("y1",function(d){return d.source.y;});
          lines.attr("x2",function(d){return d.target.x;});
          lines.attr("y2",function(d){return d.target.y;});
          circles.attr("cx",function(d){return d.x;});
          circles.attr("cy",function(d){return d.y;});
    });
  </script>
 </body>
</html>
```

程序运行结果如图7–3所示。

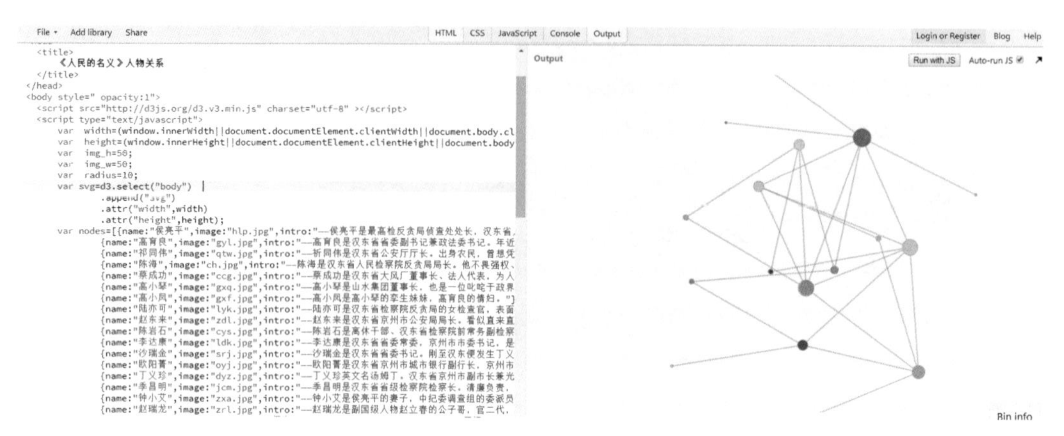

图7–3 《人民的名义》人物关系力导向图

三、节点名称与尺寸

在软件开发中使用力导向图可视化数据，往往需要提供节点的名称。此时需要添加一组SVG的<text>，它的数据绑定为nodes，显示的文本内容为d.name，即节点的名字。为了使文字随着力导向节点布局不断调整坐标信息，还得在force.on(“tick”,function(){}中添加文本坐标的更新代码。

程序编号：CH7/renmin-2.htm（代码片段）

```
var texts=svg.selectAll(".forceText")
                .data(nodes)
                .enter()
                .append("text")
                    .attr("class","forceText")
                    .attr("x",function(d){return d.x;})
                    .attr("y",function(d){return d.y;})
                    .style("stroke", "#336666")
                    .style("stroke-family","仿宋")
                    .style("font-size","10px")
                    .attr("dx","-1.5em")
                    .attr("dy","1.5em")
                    .text(function(d){return d.name;});
force.on("tick",function(){
                texts.attr("x",function(d){return d.x;});
                texts.attr("y",function(d){return d.y;});
        });
```

程序运行结果见图 7–4。文字基线坐标（左下角坐标）位于节点坐标左移并下移 1.5 倍字符的位置。从图中可以比较清楚地看到,《人名的名义》的主要人物是“侯亮平”“祁同伟”“高育良”和“沙瑞金”。

图 7–4　带节点标签的力导向图

四、边的名称

添加边的名称同样也是添加一组与边数相同的 SVG 的 <text>，见代码片段 CH7/renmin-3.htm，同样需要在 force.on(“tick” ,function(){}) 中更新边文字的坐标。

程序编号：CH7/renmin-3.htm（代码片段）

```
var edges_text = svg.selectAll(".linetext")
                        .data(edges)
                        .enter()
                        .append("text")
                        .attr("class","linetext")
                        .text(function(d){
                                  return d.relation;})
                         .style("stroke","gray")
                         .style("font-size",8);
force.on("tick",function(){
      edges_text.attr("x",function(d){ return (d.source.x + d.target.x) / 2 ; });
      edges_text.attr("y",function(d){ return (d.source.y + d.target.y) / 2 ; });
});
```

程序运行结果见图7–5。

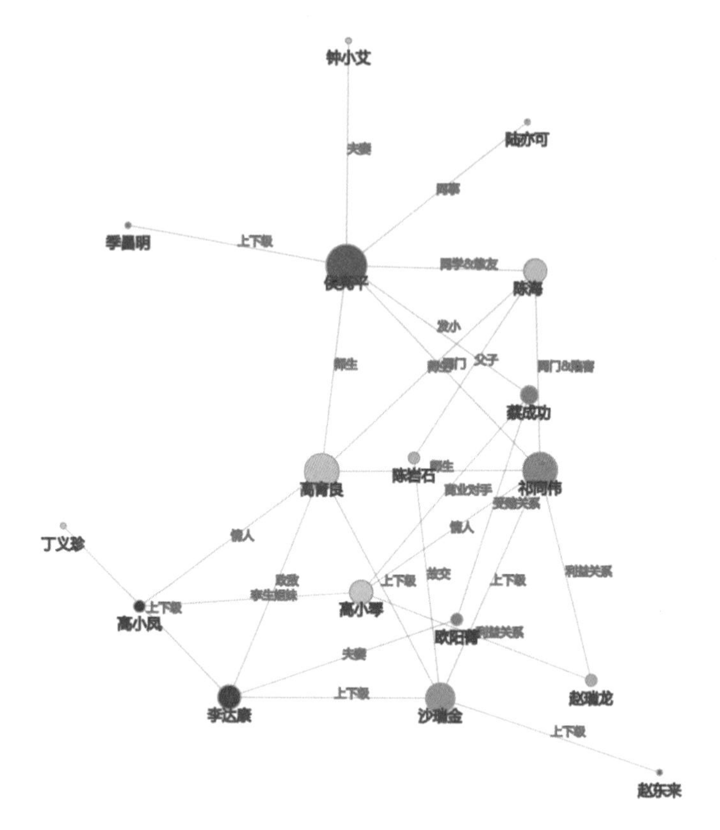

图7–5 力导向图添加关系名称

五、节点图片

在影视剧人物关系或社交网络上，如果能为节点添加图片，传达的节点人物信息将更直观。如下代码CH7/renmin-4.htm在节点上用图片做背景。第一章中用SVG自定义元素<defs>绘制过箭头，此处，节点添加图片，采用了自定义元素def=svg.append(“defs”)，catpattern=defs.append(“pattern”)，然后对catpattern添加图片catpattern.append(“image”)，绑定节点的图片名d.image，这个元素链接添加对应于节点的图片。程序运行结果见图7–6。

程序编号：CH7/renmin-4.htm（代码片段）

```
var  img_h=50;
        var  img_w=50;
        var  radius=23;
        var circles=svg.selectAll("forceCircle")
                .data(nodes)
```

```
.enter()
.append("circle")
.attr("class","forceCircle")
.attr("r",radius)
.style("stroke","DarkGray")
.style("stroke-width","1.0px")
.attr("fill", function(d, i){
    //创建圆形图片
    var defs = svg.append("defs").attr("id", "imgdefs");
    var catpattern = defs.append("pattern")
                        .attr("id", "catpattern" + i)
                        .attr("height", 1)
                        .attr("width", 1);
  catpattern.append("image")
           .attr("x", - (img_w / 2 - radius+5.8))
           .attr("y", - (img_h / 2 - radius+3.5))
           .attr("width", img_w+11)
           .attr("height", img_h+6)
           .attr("xlink:href","image/"+d.image);
  return "url(#catpattern" + i + ")";
 })
.call(force.drag);
```

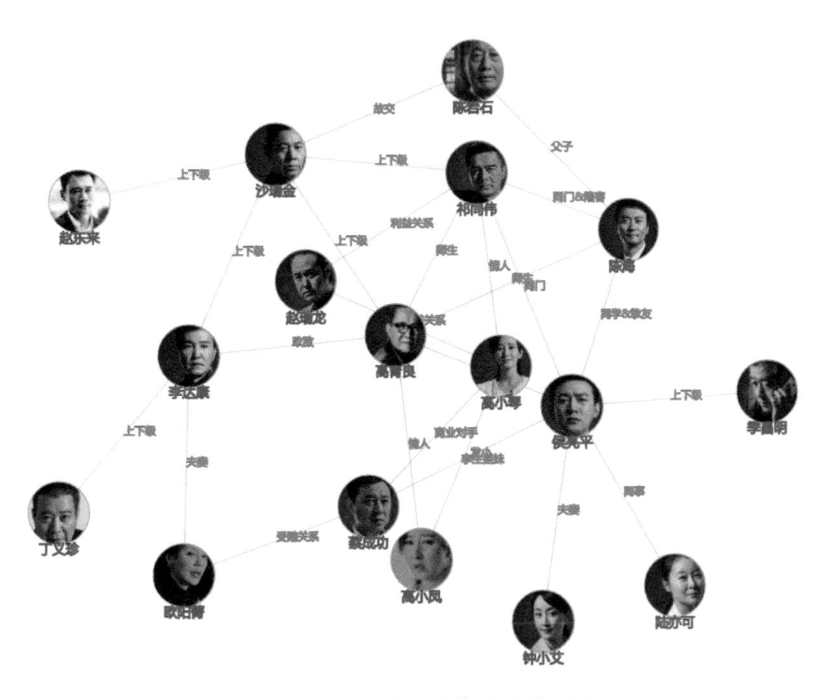

图 7–6 《人民的名义》人物关系图

六、节点提示框

在节点添加一个提示框，当鼠标悬停时显示提示框。需要在程序<head>部分添加描述提示框格式的CSS代码。在页面的<body>中添加<div>，作为提示框tooltip。当鼠标移动到节点时，加上提示框，提示框的透明度设置为1.0。代码片段见CH7/renmin-5.htm。完整的程序运行结果见图7–7。

程序编号：CH7/renmin-5.htm（代码片段）

```
<style>
            .tooltip{
                position: absolute;
                width: 240px;
                height: auto;
                font-family: simsun;
                font-size: 10px;
                text-align: left;
                color: black;
                border-width: 1px solid black;
                background-color: 7FFF00;
                border-radius: 3px;
            }
            .tooltip:after{
                content: '' ;
                position: absolute;
                bottom: 100%;
                left: 20%;
                margin-left: -3px;
                width: 0;
                height: 0;
                border-bottom: 12px solid black;
                border-right: 12px solid transparent;
                border-left: 12px solid transparent;
            }
</style>
//提示框部分
var tooltip=d3.selectAll("body")
              .append("div")
              .attr("class","tooltip")
              .style("opacity",0.0);
//当鼠标移动到节点时，加入提示框
circles.on("mouseover",function(d,i){
                      tooltip.html("角色简介："+d.intro)
```

```
                    .style("left",(d3.event.pageX)+"px")
                    .style("top",(d3.event.pageY+20)+"px")
                    .style("opacity",1.0);
        })
```

图 7–7　带有提示框的力导向图

第三节　基于路径绘制力导向图

本章第二节绘制的力导向图，如果在边上添加文字，由于文字始终都是横向的，看上去会比较乱，而现实需求希望文字与边平行，以改善视觉效果。

一、基于路径绘制与直线平行的文字

在SVG里，可以使用<path>让文字沿着路径排列，实现与路径平行的文字。<textPath>可以在<text>标记内部引用预定义的<path>，使用xlink:href属性指明需要引用的路径的ID。

程序代码：CH7/pathText.htm

```
<html>
  <head>
    <title>
```

```
        路径文字
    </title>
  </head>
  <body>
        <svg width="100%" height="100%">
          <defs>
            <path id="MyPath" stroke="blue"
                  d="M 100 200
                     C 200 100 300   0 400 100
                     C 500 200 600 300 700 200
                     C 800 100 900 100 900 100" />
          </defs>
        <use xlink:href="#MyPath" fill="none" stroke="blue"  />
          <text font-family="华文行楷" font-size="32" fill="green">
            <textPath xlink:href="#MyPath">
             后海有树的院子，夏代有工的玉，此时此刻的云，二十来岁的你……
            </textPath>
          </text>
        </svg>
    </body>
</html>
```

代码运行结果见图 7–8。

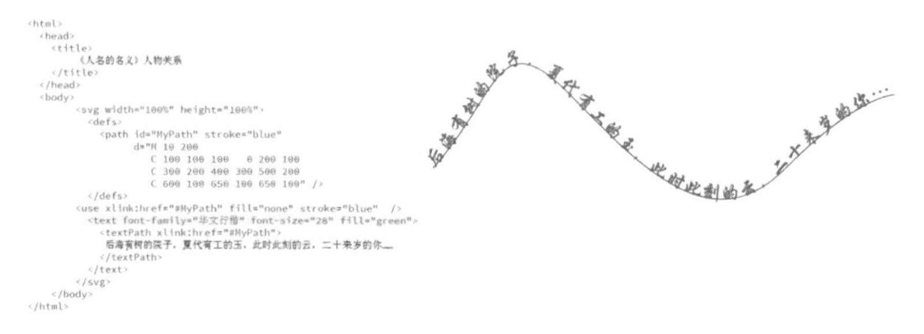

图 7–8　路径文字示例

二、基于路径绘制力导向图

基于路径绘制力导向图，节点的绘制 <circle> 与节点文字 <text> 与第二节没有差别，边的绘制是基于 <path> 的，边上的 <text> 添加 <textPath> 属性即可。程序代码见 CH7/renminOK.htm。

由于每个边上的文字要与对应的 <path> 绑定，需要对路径指定一个“id”属性，本例中为"edgepath" +i，而在边上的文字 pathtext 中，为文本添加路径 .append(‘textPath’)，指定锚点居中 .attr(“text-anchor” , “middle”)，偏移量为 50%，即 .attr(“startOffset”,

“50%”），并设置每一个文字使用哪一条路径 .attr(‘xlink:href’, function(d,i) { return “#edgepath” + i; })，即每个文本使用与边对应的路径。

程序编号：CH7/renminOK.htm

```
<html>
  <head>
        <meta charset="utf-8">
        <title>《人名的名义》人物关系图</title>
        <script type="text/javascript" src="../d3.v3.min.js"></script>
        <style type="text/css">
            path{
              fill: none;
              stroke: #666;
              stroke-width: 1.5px;
            }
            circle {
              stroke: #333;
              stroke-width: 1.5px;
            }
            text {
              font: 10px sans-serif;
              pointer-events: none;
            }
        </style>
    </head>
    <body>
        <script type="text/javascript">
var nodes=[{name:"侯亮平",image:"hlp.jpg",intro:"侯亮平是最高检反贪局侦查处处长，汉东省人民检察院副检察长兼反贪局局长。经过与腐败违法分子的斗争，最终将一批腐败分子送上了审判台，正义战胜邪恶，自己也迎来了成长。"},
  {name:"高育良",image:"gyl.jpg",intro:"高育良是汉东省省委副书记兼政法委书记。年近六十，是一个擅长太极功夫的官场老手。侯亮平、陈海和祁同伟都是其学生。"},
  {name:"祁同伟",image:"qtw.jpg",intro:"祈同伟是汉东省公安厅厅长。出身农民，曾想凭自己的努力走上去，内心渴望成为一个胜天半子的人，但现实却沉重地打击了他，进而走上了不归路"}];
var edges=[{source:0,target:1,relation:"师生"},{source:0,target:2,relation:"同门"}];
var width=(window.innerWidth||
document.documentElement.clientWidth||document.body.clientWidth)*0.98;
var  height=(window.innerHeight||
document.documentElement.clientHeight||document.body.clientHeight)*0.96;
            var color=d3.scale.category20();
            var force = d3.layout.force()
                .nodes(nodes)
                .links(edges)
```

```
        .size([width, height])
        .linkDistance(100)
        .charge(-1200)
        .on("tick", tick)
        .start();
    var svg = d3.select("body")
                .append("svg")
                .attr("width", width)
                .attr("height", height);
    //用路径创建边
    var path = svg.selectAll("path")
                  .data(edges)
                  .enter()
                  .append("path")
                  .attr("id", function(d,i) {
                        return "edgepath" +i;
                  })
                .attr("class","edges");
    var circle = svg.selectAll("circle")
                    .data(nodes)
                    .enter()
                    .append("circle")
                    .attr("r",function(d){return d.weight*2})
                    .attr("fill",function(d,i){return color(i);})
                    .call(force.drag);
    var nodetext = svg.selectAll(".nodeText")
                  .data(nodes)
                  .enter()
                  .append("text")
                  .attr("class","nodeText")
                  .attr("x",function(d){return d.x;})
                  .attr("y",function(d){return d.y;})
                  .attr("dx","-1.5em")
                  .attr("dy","2em")
                  .text(function(d) { return d.name; });
    var pathtext = svg.selectAll('g')
                      .data(edges)
                      .enter()
                      .append("text")
                      .append('textPath')
                      .attr("text-anchor", "middle")//居中
                      .attr("startOffset","50%")
        .attr('xlink:href', function(d,i) { return "#edgepath" + i; })
```

```
                              .text(function(d) { return d.relation; });
    function tick() {
            path.attr("d", function(d) {
                  var dx = d.target.x - d.source.x,//增量
                      dy = d.target.y - d.source.y,
                      dr = Math.sqrt(dx * dx + dy * dy);
        return "M" + d.source.x + ","+ d.source.y + "L" + d.target.x + "," + d.target.y;
                 });
            circle.attr("transform", function(d) {
              return "translate(" + d.x + "," + d.y + ")";
            });
            nodetext.attr("x",function(d){return d.x;});
            nodetext.attr("y",function(d){return d.y;});
          }
        </script>
    </body>
</html>
```

还需要说明的是，在tick()函数中需要更新节点circle和节点文本nodetext的坐标信息，与第二节没太大差别，但是对于路径<path>表示的边信息，需要更新的是路径的数据属性path.d。程序运行结果见图7–9。

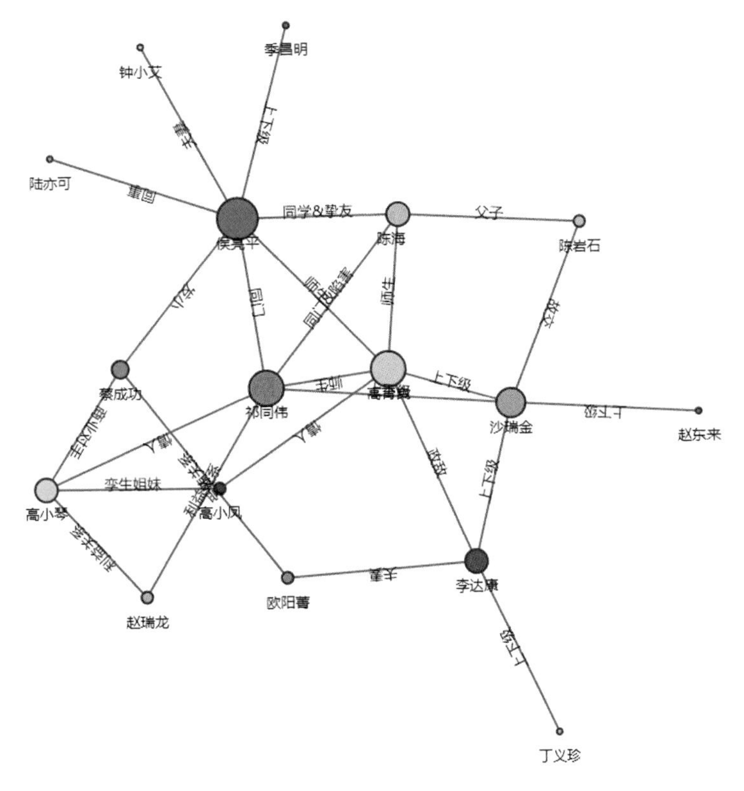

图7–9 边上的文字与边平行的力导向图

三、有向图的力导向图

绘制箭头，添加<defs>，并定义一个<marker>，这个marker是用<path>实现的箭头样式，参见第一章第一节。在路径表示的边上，添加尾端样式为箭头即可。运行结果见图7–10。

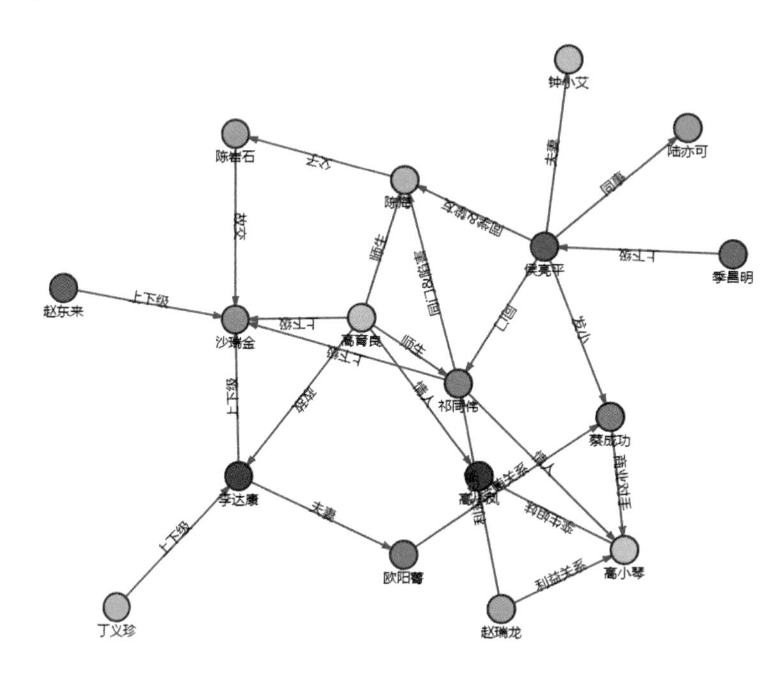

图 7–10 基于箭头的有向图的力导向布局

程序编号：CH7/renminMarkerOK.htm（代码片段）

```
//箭头绘制
        var defs = svg.append("defs");
        var radius=10;
        var arrowMarker = defs.append("marker")
                              .attr("id","arrow")
                              .attr("markerUnits","strokeWidth")
                              .attr("markerWidth","4")
                              .attr("markerHeight","4")
                              .attr("viewBox","0 0 4 4")
                              .attr("refX",12+radius/8-2)
                              .attr("refY",2)
                              .attr("orient","auto");
        var arrow_path = "M0,1 L4,2 L0,3 L0,0";
        arrowMarker.append("path")
                   .attr("d",arrow_path);
//用路径创建边
```

```
var path = svg.selectAll("path")
              .data(edges)
              .enter()
              .append("path")
              .attr("id", function(d,i) {
                 return "edgepath" +i;
              })
              .attr("class","edges")
              .attr("marker-end","url(#arrow)");
```

四、节点为图像的有向力导向图

综合第二节和第三节的内容，代码合成为如图 7–11 所示的结果。参见本书配套代码 CH7/renmin.htm。

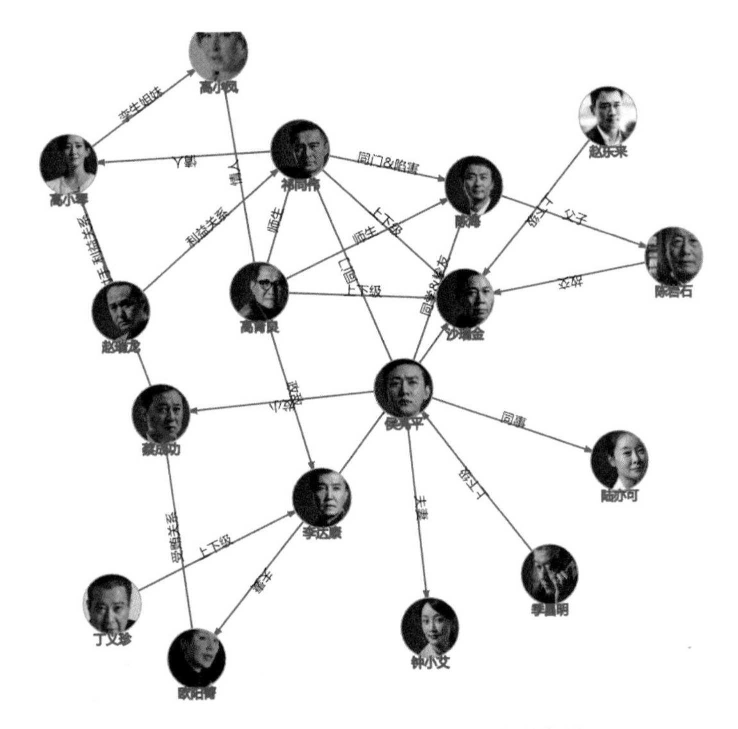

图 7–11　《人名的名义》人物关系力导向图

小结

力导向图是可视化的重要算法，本章循序渐进地论述了 D3 力导向的实现原理和可视化信息表达，节点、边及它们的提示信息、交互逐步完成，一定要理解 D3 的布局是计算，不是绘图。

CHAPTER 8

第八章 地图可视化

地图广泛用于表示地理位置相关的信息，特别是在地域数据分析中，地图可视化有通览全局的意义。本章从工程的角度，介绍了D3地图可视化和百度地图API的使用，也就是说地图的轮廓是已有的开源数据，把用户数据加载到地图数据的对应位置并用色彩字体字号区分表示即可。

第一节　D3地图可视化

一、地图概述

地图数据一般保存为JSON格式，D3常用两种格式：GeoJSON和TopoJSON。GeoJSON是表述地理信息的一种基本格式，TopoJSON是由D3作者Mike Bostock制定的格式。

地理信息都可以在开源的Natural Earth网站（http://www.naturalearthdata.com）下载，参见图8-1，由于分辨率不同，分为大尺寸、中尺寸和小尺寸三种地图。

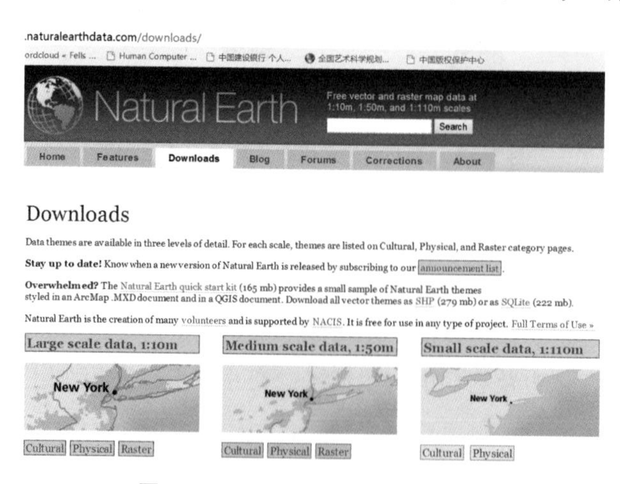

图8-1　Natural Earth的下载页面

二、GeoJSON数据格式

GeoJSON是用于描述地理空间信息的一种数据格式，遵循JSON格式规范。GeoJSON的最外层是对象（Object），包括：几何体（Geometry）、特征（Feature）和特征集合（FeatureCollection）

GeoJSON对象的type属性表示它的类型，其值为Point（点）、MultiPoint（多点）、LineString（线）、MultiLineString（多线）、Polygon（面）、MultiPolygon（多面）、GeometryCollection（几何体集合）、Feature（特征）、FeatureCollection（特征集合）。以下为北京地图数据的片段，附属代码中CH8/beijing.json。

数据编号：CH8/beijing.json（数据片段）

```
{"type": "FeatureCollection","features":[{"type":
"Feature","properties":{"id":"110228","name":"密云县","cp":[117.0923,40.5121]……
```

从上面的GeoJSON数据实例看，实际是用几何体的描述数据来绘制地图各区域图形的边界。

三、TopoJSON数据格式

D3作者Mike Bostock把GeoJSON按拓扑学编码后生成了一种压缩地图格式，算是GeoJSON的扩展形式，边界线只记录一次，地理坐标使用整数，非浮点数，平均缩小80%数据量，一个250KB的地图可以压缩到41KB。

四、地图可视化API

（一）球形墨卡托投影

由于 GeoJSON 文件中的地图数据都是经度和纬度的信息。它们都是三维的，而要在网页上显示二维数据，需要设定一个投影函数来转换经度纬度。本例先介绍球型墨卡托投影d3.geo.mercator()方式，经此投影的地图，经纬线于任何位置垂直相交，使得地图可绘制在矩形上。

D3的官方文档（https://github.com/mbostock/d3/wiki/Geo-Projections）中有各种投影的函数，可以参考。如下代码片段，定义一个墨卡托投影，.center()指定地图中心经纬度，.scale()指定放大比例，.translate()平移坐标原点到SVG绘图区宽高一半的位置。

```
var projection = d3.geo.mercator()
                    .center([116.3956, 39.93])
                    .scale(15000)
                    .translate([width/2, height/2]);
```

投影方式的比较，如图8-2所示。

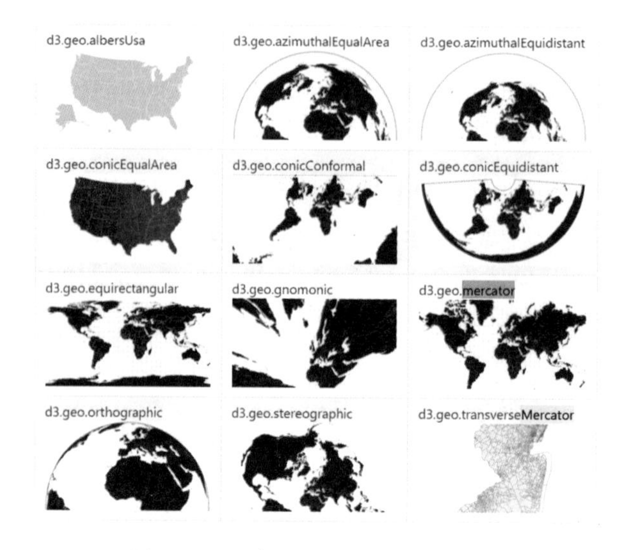

图8–2　D3地图可视化投影方式比较

（二）地理路径生成器

为了根据地图的地理数据生成SVG中path元素的路径值，需要用到 d3.geo.path()，它常被称为地理路径生成器，传入的参数是前面的投影，输出路径信息。

```
//定义地形路径生成器
    var path = d3.geo.path()
                    .projection(projection);    //设定投影
```

（三）加载GeoJSON地图数据

通过加载外部的GeoJSON文件，加载地图数据，然后在绘图区SVG中添加一组<g>元素，在<g>中添加<path>，绑定数据为.data(root.features)，root是装入的GeoJSON地图数据，而这些数据与前面的地形数据path对应，再把<path>的d属性设置为与地图数据对应的path。

程序编号：CH8/BeijingMap.htm

```
<html>
    <head>
        <meta charset="utf-8">
        <title>基于GeoJSON绘制北京GDP2016数据地图</title>
        <style>
            .province {
                stroke: black;
                stroke-width: 1px;
            }
            .southchinasea {
```

```
                stroke: black;
                stroke-width: 1px;
                fill: red;
            }
        </style>
    </head>
    <body>
        <script src="../d3.v3.min.js" charset="utf-8"></script>
        <script>
var  width=(window.innerWidth||document.documentElement.clientWidth||
document.body.clientWidth)*0.98;
var  height=(window.innerHeight||document.documentElement.clientHeight||
document.body.clientHeight)*0.98;

            var svg = d3.select("body").append("svg")
                        .attr("width", width)
                        .attr("height", height);
            var projection = d3.geo.mercator()
                                .center([116.3956, 39.93])
                                .scale(15000)
                                .translate([width/2, height/2]);
            //定义地形路径生成器
            var path = d3.geo.path()
                         .projection(projection);    //设定投影
            var color = d3.scale.category20();
            d3.json("beijing.json", function(error, root) {
                if (error)
                    return console.error(error);
                console.log(root);
                var groups = svg.append("g");
                  groups.selectAll("path")
                        .data(root.features)
                        .enter()
                        .append("path")
                        .attr("class","province")
                        .style("fill", function(d,i){
                            return color(i);
                        })
                        .attr("d", path );  //使用路径生成器
            });
        </script>
    </body>
</html>
```

一个国家的地图是领土的可视化表达，因此在做可视化作品时，务必检查地图数据的质量，防止使用错误的地图数据。北京各区县地图程序运行结果见图8-3。

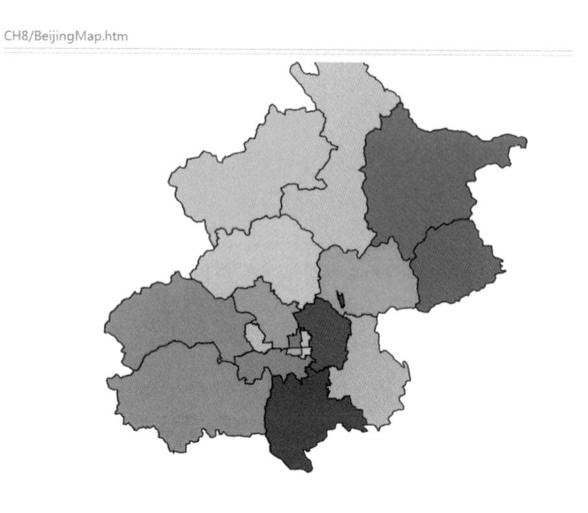

图8-3　地图基本地形信息

第二节　D3地图可视化实例

一、北京市各区县GDP数据地图

本例是2017年北京市16区县GDP数据（来自北京市统计局官网区域统计年鉴http://www.bjstats.gov.cn），并按照第一节beijing.json中省份的ID排序。其中最后两个数据为现在的西城区的一部分（原宣武区）和现东城区的一部分（原崇文区）。本例使用了线性比例尺，把全部原生数据从[100,5500]映射到[20,180]的色彩区间，即色彩数组mapcolor，并用不同的红色显示，这个mapcolor是数组，同时需要修改绘制<path>的填充色彩，在代码中用红色标出。

程序编号：CH8/BeijingMapGDP.htm（代码片段）

```
var gdp = [["密云县",48.3,251.1],["怀柔区",39.3,259.4],["房山区",109.6,606.6],["延庆县",
32.7,122.7],["门头沟区",31.1,157.9],["昌平区",201.0,753.4],["大兴区",169.4,583.2],["顺义
区",107.5,1591.6],["平谷区",43.7,218.3],["通州区",142.8,674.8],["朝阳区",385.6,5171.0],
["海淀区",359.3,5395.2],["丰台区",225.5,1297.0],["石景山区",63.4,482.1],["西城区",125.9,
3602.4],["东城区",87.8,2061.8],["西城区",125.9,3602.4],["东城区",87.8,2061.8]];
            var linear = d3.scale.linear()
                        .domain([100,5500])
                        .range([20,180]);
```

```
            var mapcolor = new Array();
            for(var i=0; i<18; i++){
                mapcolor[i] = "#"+parseInt(255-linear(gdp[i][2])).toString(16)+"0000";
            }
    d3.json("beijing.json", function(error, root) {
                if (error)
                    return console.error(error);
                var groups = svg.append("g");
                groups.selectAll("path")
                        .data(root.features)
                        .enter()
                        .append("path")
                        .attr("class","province")
                        .attr("fill", function(d,i){
                            return mapcolor[i];
                        })
                        .attr("d", path );   //使用路径生成器
            });
```

程序运行结果如图 8-4 所示。

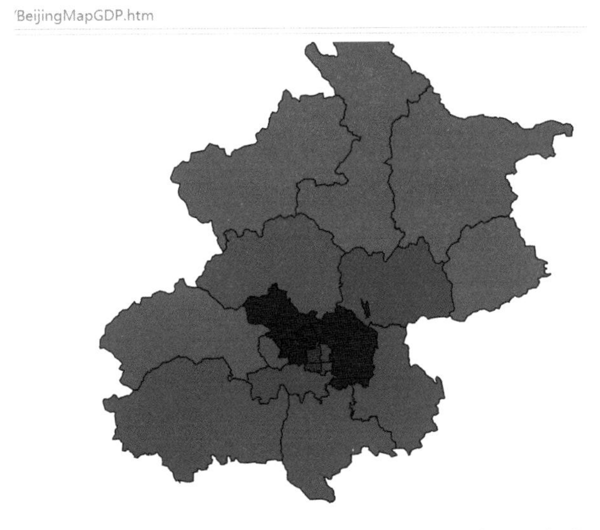

图 8-4　北京市区县 2017 年 GDP 数据的地图色彩可视化

二、添加文字和数据

为地图的每个行政区填充名称，即添加一组 <text>，并指定它们的坐标位置信息。不规则图形 <path> 的坐标中心，D3 提供了 path.centroid(d) 返回它的中心，即一个数组，表示坐标中心 (x,y) 值。程序片段如下：

程序编号：CH8/BeijingMapGDPOK.htm（代码片段）

```
var texts = svg.selectAll(".texts")
            .data(root.features)
            .enter()
            .append("text")
            .attr("class", "texts")
            .text(function(d){
          if((d.properties.name=="宣武区")||(d.properties.name=="崇文区"))
                 return "";
           else
                 return d.properties.name;
            })
            .attr("transform", function(d) {
                   var centroid = path.centroid(d),
                       x = centroid[0]-20,
                       y = centroid[1];
          if((d.properties.name=="宣武区")||(d.properties.name=="崇文区"))
                       y=y+805;
          if(d.properties.name=="西城区")
                       y=y+20;
                       return "translate(" + x + ", " + y + ")";
           })
             .attr('fill','#FFF')
             attr("font-size","12px");
```

为了去掉文字的重叠，特别稍微移动了西城区文字的坐标，使宣武区和崇文区不显示。程序运行结果如图8-5所示。

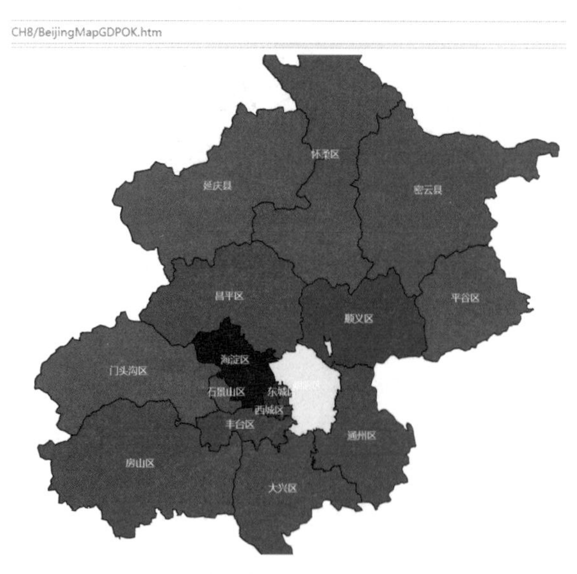

图8-5　地图中添加文字信息和交互

三、添加交互

为地图的每一个区域添加一个交互，代码片段如下。鼠标移入时，填充黄色，鼠标移出，恢复原来的色彩。运行结果见图8-5。

程序编号：CH8/BeijingMapGDPOK.htm（代码片段）

```
.on("mouseover",function(d,i){
     d3.select(this)
       .attr("fill","yellow");
 })
 .on("mouseout",function(d,i){
     d3.select(this)
       .attr("fill",mapcolor[i]);
 });
```

此例中为对比数据，如图8-6绘制了北京市各区县人口数据和人均GDP数据。

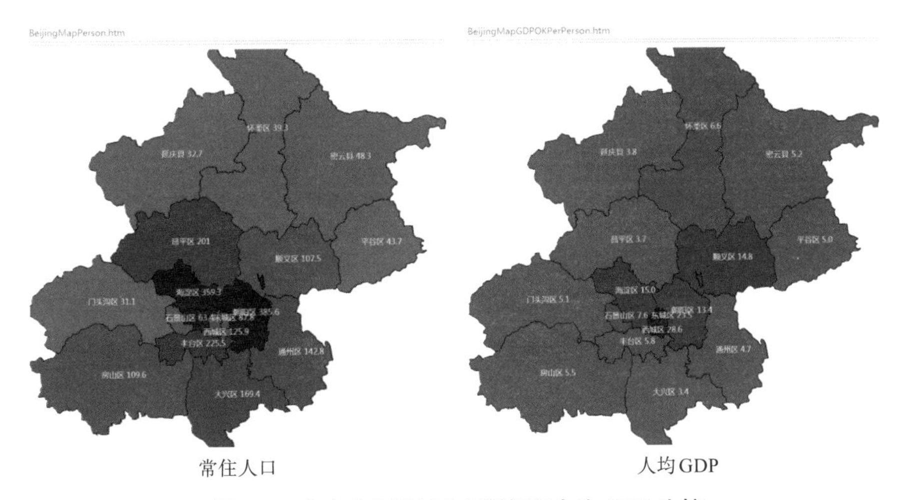

常住人口　　　　人均GDP

图8-6　北京市各区县人口数据和人均GDP比较

第三节　雄安新区区位优势可视化分析案例

GeoJSON地图数据使地图可视化非常简洁，但提供给用户的数据信息比较有限。在此选择Echarts作为可视化工具，调用百度地图API，高效表达数据信息，为用户提供具有物理世界真实感的可视化效果。

一、雄安新区地理数据说明

“襟带崇墉分淀泊，阑干依斗望京华”。河北安新县白洋淀凉亭上的这副楹联，在2017年春天，与位于东北方向100多公里的首都北京有了不同寻常的关联。2017年4月1日，中共中央、国务院决定设立河北雄安新区。消息一出，犹如平地春雷，响彻大江南北。涉及河北省雄县、容城、安新3县及周边部分区域的雄安新区，迅速成为海内外关注的焦点。

设立雄安新区是以习近平同志为核心的党中央作出的一项重大的历史性战略选择。这是继深圳经济特区和上海浦东新区之后又一具有全国意义的新区，是千年大计、国家大事。国家战略发展选址于雄县、容城、安新这三个地方，除了经济基础外，地理环境也是一个重要的因素。雄安三县地处平原，环绕白洋淀，有丰富的水资源，同时有铁路、高速公路经过，交通发达。这些重要信息可以用可视化手段直观展示，增强对雄安新区的数据表达。

图8–7是雄安区位地图，图8–8是雄安卫星地图。两张图基于百度地图绘制。

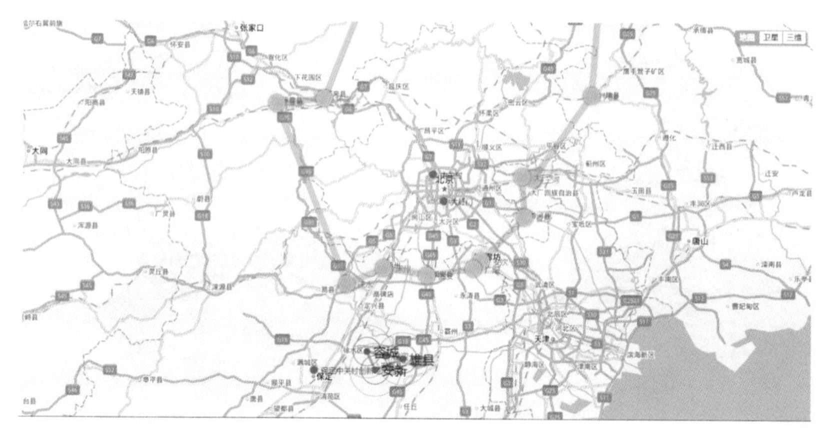

图 8–7　雄安区位地图

图 8–8　雄安卫星地图

二、百度地图API简介

百度地图API是为开发者免费提供的一套应用接口，在网页中用JavaScript API来创建交互地图应用[13]。要使用百度地图，首先需申请密钥（AK），在浏览器输入网址http://lbsyun.baidu.com/apiconsole/key?application=key或直接搜索关键字“百度地图”，可以找到注册页面，根据提示即可完成注册，参见图8–9。选择合适的平台，待审核通过之后就可以获得专属的AK。如果不想申请，也可使用百度地图Demo中的AK。

百度地图常用的功能和模块在开发指南中有详细的讲解，相关概念、坐标转换说明、控件、覆盖物、地图图层等都有详细说明，其针对的是纯粹的网页开发。本节在Echarts可视化库中使用百度地图，主要阐述二者结合的关键点。

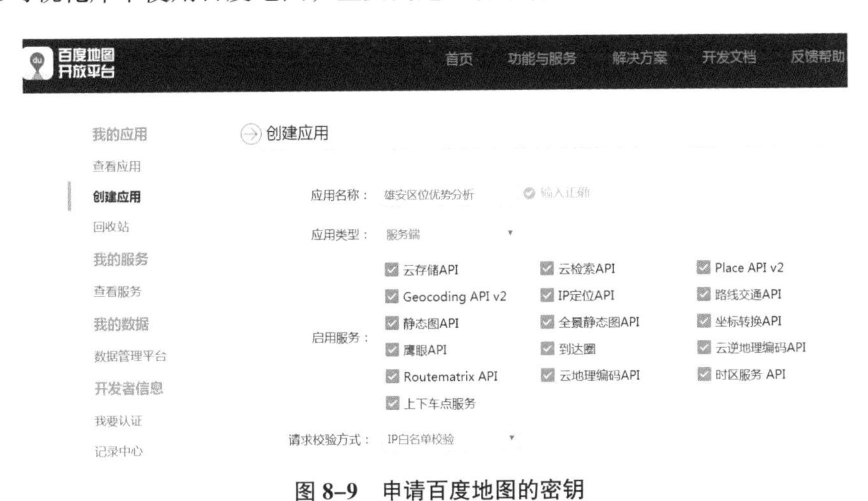

图 8–9　申请百度地图的密钥

三、地图网页框架

首先引入Echarts，因为使用百度地图，还需要声明申请的开发者密钥，或使用Echarts的示例密钥。此外，还需要导入Bmap，它是地图可视化需要地理位置的坐标系，Bmap可以高效地将数据绑定在地理位置上。

程序编号：CH8/xionganMap.htm（代码片段）

```
<html>
    <head>
        <meta charset="utf-8">
        <meta name="viewport" content="width=device-width">
        <script type="text/javascript"
src="http://echarts.baidu.com/gallery/vendors/echarts/echarts-all-3.js" > </script>
        <script type="text/javascript"
src="http://api.map.baidu.com/api?v=2.0&ak=ZUONbpqGBsYGXNIYHicvbAbM">
```

```
</script>
        <script type="text/javascript"
src="http://echarts.baidu.com/gallery/vendors/echarts/extension/bmap.min.js">
</script>
        <title>雄安新区区位优势可视化分析</title>
        <style>
            #mapContainer{
              width:100%;
              height:800px;
            }
        </style>
    </head>
    <body>
        <div id="mapContainer"></div>
    </body>
</html>
```

样式表#mapContaine定义可视化区域大小，即设置为其父容器的全部宽度高为800px。

四、数据定义

首先需要定义数据，与本例相关的数据如下。其中mapChart表示地图绘制对象，renderMap()是绘制地图的主函数，在函数内部定义需要用到的地理经纬度信息。地理信息都是JSON格式的数据。

变量main3city存储雄安三县的经纬度，并用曲线数据line3city将3县连接起来。变量scatterArroundCity辐射的十四个县的经纬度数据，lineArroundCity存储连接十四个县的折线数据。变量moveIndustryScatter存储迁移的地点坐标信息以及它们的连线信息moveIndustryLines。

代码片段见CH10/xionganMap.htm中的数据部分。

程序编号：CH8/xionganMap.htm（代码片段）

```
var mapChart=null;//表示地图绘制对象
function renderMap(){//绘制地图的主函数
var dom = document.getElementById("mapContainer");
 //获取绘制地图的dom元素
if(mapChart==null){
    var mapChart = echarts.init(dom);
}
var option=null;//声明数据配置项
var main3city=[
```

```
{name:"雄县",value:[116.12,38.98]},
{name:"安新",value:[115.92,38.92]},
{name:"容城",value:[115.86,39.02]}];
//雄安三县的经纬度
var line3city=[
{coords:[[116.12,38.98],[115.92,38.92],[115.86,39.02],[116.12,38.98]]}];
//绘制曲线将三县连接在一起，必须是一个数组 此处表示首尾相连
var scatterArroundCity=[
{name:'滦平',value:[117.53,40.95]},
{name:'丰宁',value:[116.63,41.20]},
{name:'兴隆',value:[117.48,40.42]},
{name:'涿鹿',value:[115.20,40.37]},
{name:'怀来',value:[115.54,40.40]},
{name:'赤城',value:[115.82,40.92]},
{name:'三河',value:[117.06,39.97]},
{name:'大厂',value:[116.98,39.98]},
{name:'香河',value:[117.00,39.76]},
{name:'安次',value:[116.69,39.52]},
{name:'固安',value:[116.29,39.44]},
{name:'涞水',value:[115.71,39.39]},
{name:'涿州',value:[115.98,39.48]},
{name:'广阳',value:[116.63,39.48]}]; //十四个县的经纬度
var lineArroundCity=[
{coords:[[116.63,41.20],[117.53,40.95],[117.48,40.42],
[117.06,39.97],[116.98,39.98],[117.00,39.76],[116.69,39.52],
[116.63,39.48],[116.29,39.44],[115.98,39.48],[115.71,39.39],
[115.20,40.37],[115.54,40.40],[115.82,40.92],[116.63,41.20]]}];
//连接十四个县的折线
var moveIndustryScatter=[
{name:"中关村",value:[116.328896,39.991002]},
{name:"保定中关村创新经济园区",value:[115.475965,38.915289]},
{name:"大红门",value:[116.409404,39.843288]},
{name:"白沟",value:[116,39]}];
//迁移的地点坐标
var moveIndustryLines=[
{coords:[[116.328896,39.991002],[115.475965,38.915289]]},
{coords:[[116.409404,39.843288],[116,39]]}];
```

五、配置数据项

配置坐标系Bmap，center项表示显示中心的经纬度，zoom表示默认的缩放倍数，roam表示是否开启由鼠标来控制缩放。代码片段如下：

```
option = {
    animation: true,     //是否使用动画效果
    bmap: {
        center: [116.2, 39.4],
        zoom: 9,
        roam: true
        }
    series:[
        {
            type: 'lines',
            name:'雄安三县',
            coordinateSystem: 'bmap',
            polyline:true,
            data:line3city,
            lineStyle:{normal:{width:4}}
        },
      ......
      ]
    }
```

Series配置在mapChart中显示各个图形组件，首先配置雄安三县构成的区域图，lines表示在绘制连线，coordinateSystem代表选用的坐标系类型，在此为bmap坐标系。polyline表示绘制折线，data是实际的经纬度数据，在lineStyle中配置折线的样式。最终的显示效果是以雄安三县为顶点的三角形。

配置数据画出围绕首都的十四个县的环状折线，参数配置见如下代码片段。在十四个县的位置各画一个散点，突出各个县的位置信息。symbolSize则表示散点的大小，label表示散点处文字标签样式。itemStyle表示散点的样式。

```
{
        type: 'lines',      //折线不支持地理坐标和极坐标
        name:'围京14县',
        coordinateSystem: 'bmap',
        polyline:true,
        data:lineArroundCity,
        lineStyle:{
            normal:{
                color:'rgba(255,69,0,0.6)',
                width:10,
                opacity:0.5,
            }
        }
},
```

```
{
        type: 'scatter',
        name:'环绕京城14县',
        coordinateSystem: 'bmap',
        data:scatterArroundCity,
        symbolSize:26,
        label: {
            normal: {
                show:true,
                formatter: '{b}',
                position: 'right',
                textStyle:{
                    color:'red',
                    fontSize:12
                }
            }
        },
        itemStyle: {
            normal: {
                color: 'gold',
                shadowBlur: 8,
                shadowColor: '#333'
            }
        }
    }
```

配置迁移产业的散点以及具有迁徙效果的飞线，effect是效果配置项，其中symbol表示箭头效果。配置具有涟漪效果的散点，showEffectOn表示效果的类型，rippleEffect配置具体的显示效果，brushType表示以何种形式更新render的形状，stroke表示只描边，fill表示填充。Scale表示与中心的scatter相比render效果放大的倍数。详见如下代码片段。

```
{
        type:"scatter",
        name:'迁移',
        coordinateSystem: "bmap",
        data:moveIndustryScatter,
        symbolSize:12,
        label: {
            normal: {
                show:true,
                formatter: '{b}',
```

```
                    position: 'right',
                    textStyle:{
                        color:'black',
                        fontSize:12
                    }
                }
            },
            itemStyle: {
                normal: {
                    color: '#008080',
                    shadowBlur: 2,
                    shadowColor: '#333'
                }
            }
        },
        {
            type: 'effectScatter',
            name:'主要三县数据',
            coordinateSystem: 'bmap',
            data:main3city,
            symbolSize:10,
            showEffectOn: 'render',
            rippleEffect: {
                brushType: 'stroke',
                scale:12
            },
            hoverAnimation: true,
            label: {
                normal: {
                    show:true,
                    formatter: '{b}',
                    position: 'right',
                    textStyle:{
                        color:'#800000',
                        fontSize:20
                    }
                }
            },
            itemStyle: {
                normal: {
                    borderWidth:1,
                    color: 'red'
```

```
                }
            }
        }
```

六、生成地图

对地图对象设置配置参数，生成bmap，并添加控制，最后还要用randerMap()生成地图。

```
mapChart.setOption(option);      //先渲染地图，然后再获取控制
var bmap = mapChart.getModel().getComponent('bmap').getBMap();
bmap.addControl(new BMap.MapTypeControl());
renderMap();
```

本例的完整代码见本书所附的程序CH8/xionganMap.htm，因为调用了外部API，必须上网才能见到最终的可视化效果，结果如图8-7和图8-8所示。从效果中可以明显看出雄安三县所具有的区位优势，可视化地图同样具有交互效果，允许用户探索自己感兴趣的内容，用户通过卫星地图可以感测到工厂、农田、建筑群等实际的地形或建筑，也可以查看某一个地点的全景地图。在复杂的数据环境下，采用地图可视化能让数据展示变得具有物理世界的真实感。

小结

地图是展示地理位置信息的最好方式。本章介绍了D3示意地图的可视化，也使用了百度地图可视化了雄安新区数据。百度的API比较易用，主要是设置配置信息，而D3是灵活的，是让开发人员做主的API。

第九章 音乐可视化

音乐可视化（Music Visualization）可以表述为“从音乐到图形”，通过画面来传递音乐表达的信息，达到视听结合的效果。在动画片、广告片中，音乐的节奏驱动可视化的图形，具有主动动画的效果。另一种对音乐可视化的描述，就是让你看见音乐、图形的舞蹈。

第一节 音乐可视化 API

一、可视化效果

直到现在，Web 上的音频仍然不存在一项旨在网页上播放音频的标准。今天，大多数音频是通过插件来播放的[14]。然而，并非所有浏览器都拥有同样的插件。HTML5 规定了一种通过<audio>元素来包含音频的标准方法，<audio>元素能够播放声音文件或者音频流。HTML5 提供了 Web Audio 处理的 API。

图 9–1 为一个音乐可视化实例，点击【播放】按钮，直方图根据音乐变化。

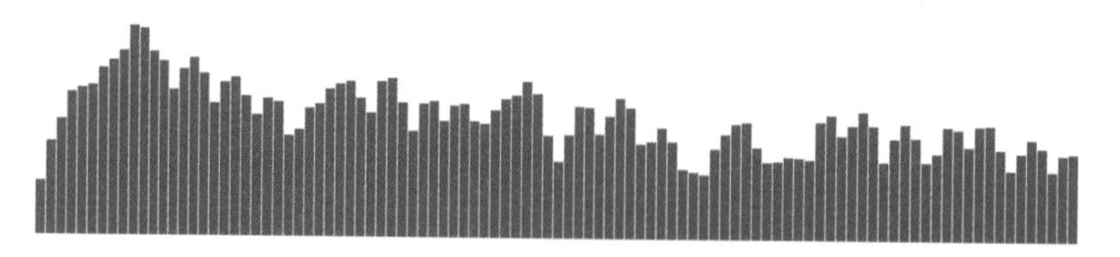

图 9–1 直方图音乐可视化

程序见CH9/histMusicViz.htm。程序前半部分用JavaScript和SVG创建一个直方图。

二、Web页面添加音频控件

与音乐处理相关的语句如下：添加一个音频控件<audio>，设定关联的音频文件，本例为HeyJude.mp3。

```
<audio id="audioElement" src="HeyJude.mp3" controls="controls"></audio>
```

三、添加音频上下文

Web Audio API 提供了在Web上音频操作的API，允许开发者对音频添加特效或者抽取音频数据可视化展示等。音频输出之前通过上下文（Context）以及结点（Nodes）来操纵音频[15-17]。

创建AudioContext，将其音频源设置为上面定义的<audio>。再创建一个音频分析器AnalyserNode，与音频上下文AudioContext连接。Analyser再连接AudioContext，否则数据只进不出就会导致没有声音。

```
    //取音乐的频率
var audioCtx = new (window.AudioContext || window.webkitAudioContext)();
var audioElement = document.getElementById('audioElement');
console.log(audioElement[]);
var audioSrc = audioCtx.createMediaElementSource(audioElement);
    var analyser = audioCtx.createAnalyser();
    audioSrc.connect(analyser);
    audioSrc.connect(audioCtx.destination);

    var myhist = document.getElementsByTagName("rect");
    var frequencyData = new Uint8Array(100);
```

图9-2是AudioContext在Chrome浏览器中运行调试的截图，显示了采样率为48000、是否运行、运行到的时间等信息。

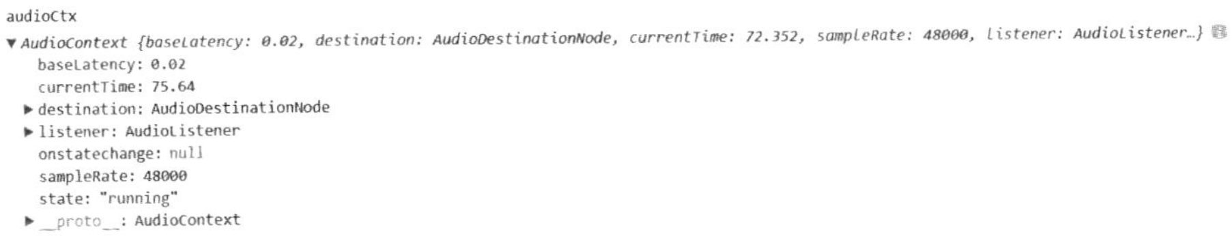

```
audioCtx
▼AudioContext {baseLatency: 0.02, destination: AudioDestinationNode, currentTime: 72.352, sampleRate: 48000, listener: AudioListener…}
   baseLatency: 0.02
   currentTime: 75.64
 ▶destination: AudioDestinationNode
 ▶listener: AudioListener
   onstatechange: null
   sampleRate: 48000
   state: "running"
 ▶__proto__: AudioContext
```

图9-2　音频上下文AudioContext

图9-3是音频源节点的参数，它的上下文为AudioContext，媒体元素为音频元素

audio#audioElement。

```
audioSrc
▼MediaElementAudioSourceNode {mediaElement: audio#audioElement, context: AudioContext, numberOfInputs: 0, numberOfOutputs: 1, channelCount: 2…}
    channelCount: 2
    channelCountMode: "max"
    channelInterpretation: "speakers"
  ▶context: AudioContext
  ▶mediaElement: audio#audioElement
    numberOfInputs: 0
    numberOfOutputs: 1
  ▶__proto__: MediaElementAudioSourceNode
```

图 9–3　音频源节点的参数

创建一个分析器节点，分析音频上下文的频率数据，如图 9–4 所示。

```
analyser
▼AnalyserNode {fftSize: 2048, frequencyBinCount: 1024, minDecibels: -100, maxDecibels: -30, smoothingTimeConstant: 0.8…}
    channelCount: 2
    channelCountMode: "max"
    channelInterpretation: "speakers"
  ▶context: AudioContext
    fftSize: 2048
    frequencyBinCount: 1024
    maxDecibels: -30
    minDecibels: -100
    numberOfInputs: 1
    numberOfOutputs: 1
    smoothingTimeConstant: 0.8
  ▶__proto__: AnalyserNode
```

图 9–4　音频分析器

上段代码中添加了一个数组来存储获得的音频频谱。

四、音频数据与 SVG 中的图形关联

把获取的频谱数据，映射到直方图矩形的高度和坐标起点上。

```
analyser.getByteFrequencyData(frequencyData);
```

这句代码会获取一个字节表示的频谱数据，即数值在 [0,255] 之间。

五、设置定时器动态更新

定时从 AnalyserNode 获取音频数据，利用更新的数据，控制图形的尺寸变化，实现动态更新。每隔 50 毫秒调用一次函数 every20。

```
window.setInterval(every20, 50);
```

第二节　JavaScript 音乐可视化直方图

完整的代码见 CH9/histMusicViz.htm。程序运行结果如图 9–1 所示。

```
<html>
  <head>
    <title>音乐可视化 </title>
  </head>
  <body>
        <div align="right">
      <audio id="audioElement" src="HeyJude.mp3" controls="controls"></audio>
        </div>
        <svg id="wcSvg" width="1000" height="800"</svg>
        <script>
var w=window.innerWidth||
document.documentElement.clientWidth||document.body.clientWidth;
var h=window.innerHeight||
document.documentElement.clientHeight||document.body.clientHeight;
            console.log("w="+w+";h="+h);
            //绘制直方图
            var x=w*0.98/100,y=700;
            var mysvg = document.getElementById("wcSvg");
            mysvg.setAttribute("width", w*0.98);
            var svgrec= new Array();
            for(var i=0;i<100;i++){
                svgrec[i] = document.createElement("rect");
                mysvg.appendChild(svgrec[i]);
                var h=0;
                svgrec[i].outerHTML="<rect x="+(i*x)+" y="+(y-h)+" width="+(x*0.9)+"
                height="+(h)+" style='fill:rgba(0,0,255,0.7)'>";
            }
            //取音乐的频率
            var audioCtx = new (window.AudioContext ||
window.webkitAudioContext)();
            var audioElement = document.getElementById('audioElement');
            console.log(audioElement[]);
            var audioSrc = audioCtx.createMediaElementSource(audioElement);
            var analyser = audioCtx.createAnalyser();
            audioSrc.connect(analyser);
            audioSrc.connect(audioCtx.destination);

            var myhist = document.getElementsByTagName("rect");
            var frequencyData = new Uint8Array(100);

            function every20(){
                analyser.getByteFrequencyData(frequencyData);
```

```
                for(var idx in myhist) {
                    if (myhist[idx].getAttribute && frequencyData[idx])
                    {
                     myhist[idx].setAttribute("y", y-frequencyData[idx]);
                     myhist[idx].setAttribute("height", frequencyData[idx]);
                    }
                }
            }
            window.setInterval(every20, 50);
        </script>
    </body>
</html>
```

第三节　D3 音乐可视化南丁格尔图

一、基于D3的音乐驱动的南丁格尔图

相比第一节JavaScript的音乐可视化，基于D3的音频可视化相对简单些。

本节的主要目的是用D3绘制南丁格尔图，并拼接音频频谱获取的部分代码。

二、绘制一个有N个弧的南丁格尔图

定义一个二维数组dataset，此例中，音乐的频谱均分为100份，绘制一个角度相同、外径不同的南丁格尔图。也就是说，原生数据二维数据dataset，一个存储每一份的大小，另一个存储一个随机数，暂时表示变化的音频。先模拟绘制出静态的图形。

进一步用d3.layout.pie生成饼图布局，它绑定的值是二维数组的第一个值。用d3.svg.arc配置绘制弧的内外半径，内半径为常数（此例为80），外半径暂时为（原生数据的第一个值120）。绘图区添加SVG，添加一组路径，注意此处绑定的数据是pie(dataset)，也就是绑定了一组由原生数据生成的角度首尾相接的弧度值，它就是在后面引用的形参d，而这个<path>中的数组数据，需要对每个弧更新它的外径，静态时为[120,255]之间的随机数，并把当前形参d代表的弧度传入arcPath(d)生成绘制<path>所需要的坐标信息。

```
var dataset=new Array(100);
for(var i=0;i<dataset.length;i++){
          dataset[i]=new Array();
          dataset[i][0]=120;
```

```
            dataset[i][1]=100+Math.floor(Math.random()*(255-100));
    }
    //转化数据为适合生成饼图的对象数组
    var pie = d3.layout.pie()
                    .value(function(d){return d[0];});
    var arcPath=d3.svg.arc()//内外半径
              .innerRadius(innerR)
              .outerRadius(function(d,i) {
                  return d.value;
              });
    var svg=d3.select("body")
           .append("svg")
           .attr("width",width)
           .attr("height",height);

    var arcs=svg.selectAll("path")
             .data(pie(dataset))              //原生数据-->起止角度
             .enter()
             .append("path")
        .attr("transform", "translate(" + width/2 + "," + height/2 + ")")
             .attr("fill",function(d,i){      //填充颜色
                  return 'rgb(0,0,'+dataset[i][1]+')';
              })
             .attr("stroke","#FFF")
             .attr("d",function(d,i){
                  //起止角度(内外半径)——>路径的参数
                  arcPath.outerRadius(dataset[i][1]);
                  return arcPath(d);
              });
```

三、更新南丁格尔图的外径

如同第一节，创建音频上下文并创建一个频谱分析器，取得音频的频谱数据，把动态的音频映射到弧形arcPath的外径上。通过更新页面产生动画，D3提供了请求动画帧的函数requestAnimationFrame()，实现动画效果。

完整的程序见CH9/D3Music.htm。运行结果见图9-5。

```
<html>
  <head>
    <title>基于D3的音乐可视化</title>
  </head>
  <body>
    <audio id="audioElement" src="HeyJude.mp3" controls="controls"></audio>
```

```
<script src="../d3.v3.min.js" charset="utf-8"></script>
<script>
    var audioCtx = new (window.AudioContext || window.webkitAudioContext)();
    var audioElement = document.getElementById('audioElement');
    var audioSrc = audioCtx.createMediaElementSource(audioElement);
    var analyser = audioCtx.createAnalyser();
    //绑定分析器到音频媒体元素
    audioSrc.connect(analyser);
    audioSrc.connect(audioCtx.destination);
    var frequencyData = new Uint8Array(100);
    var width = 1200;
    var height =500;
    var innerR = 80;                                    //内半径
    var dataset=new Array(100);
    for(var i=0;i<dataset.length;i++){
            dataset[i]=new Array();
            dataset[i][0]=120;
            dataset[i][1]=100+Math.floor(Math.random()*(255-100));
    }
    //转化数据为适合生成饼图的对象数组
    var pie = d3.layout.pie()
                    .value(function(d){return d[0];});
    var arcPath=d3.svg.arc()                            //内外半径
                .innerRadius(innerR);
    var svg=d3.select("body")
            .append("svg")
            .attr("width",width)
            .attr("height",height);
    var arcs=svg.selectAll("path")
             .data(pie(dataset))                        //原生数据-->起止角度
             .enter()
             .append("path")
          .attr("transform", "translate(" + width/2 + "," + height/2 + ")")
             .attr("fill",function(d,i){                //填充颜色
                 return 'rgb(0,0,'+dataset[i][1]+')';
              })
             .attr("stroke","#FFF")
             .attr("d",function(d,i){
                 //起止角度(内外半径)——>路径的参数
                 arcPath.outerRadius(dataset[i][1]);
                 return arcPath(d);
               });
        // 连续循环更新
    function renderChart() {
```

```
                requestAnimationFrame(renderChart);
                analyser.getByteFrequencyData(frequencyData);
                svg.selectAll('path')
                    .data(pie(dataset))
                    .attr("fill",function(d,i){     //填充颜色
                           return 'rgb(0,0,'+frequencyData[i]+')';
                    })
                    .attr("d",function(d,i){
                           arcPath.outerRadius(frequencyData[i]+ innerR);
                           return arcPath(d);
                    });
            }
            renderChart();
        </script>
    </body>
</html>
```

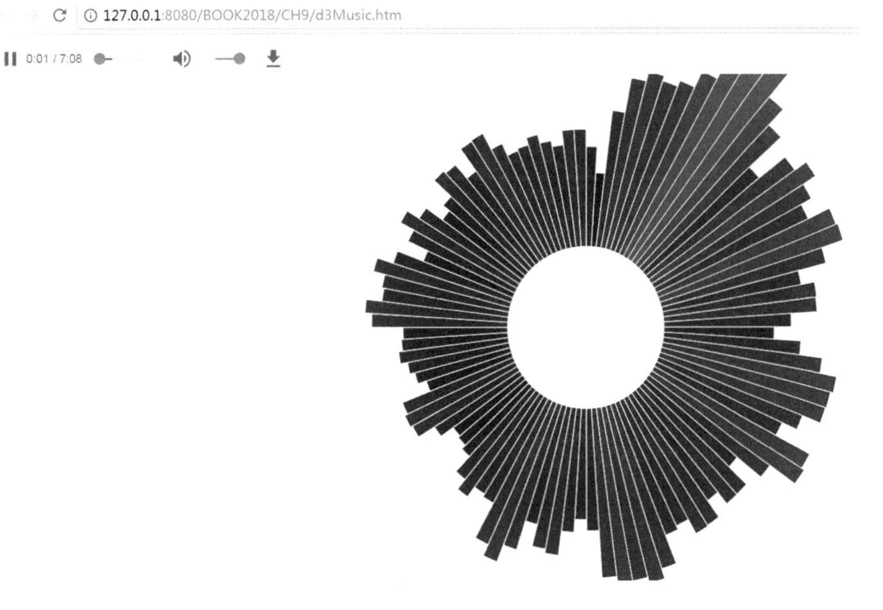

图 9–5　D3 音乐可视化

由于运行时，一开始音乐没播放，频谱值都为0，页面还不能产生动画，看不到任何图形，播放后可见。

小结

音乐可视化在主动动画中意义非凡，它实现了音画同步的效果，用户体验较好。本章实现了直方图音乐可视化和D3的南丁格尔图可视化，实际上可以驱动很多图形动起来。

Canvas和SVG都允许在浏览器中创建图形，但是它们在根本上是不同的。本书绝大部分的数据可视化图形是基于SVG的，但是个别情况也需要操作像素级别的数据，这时需要使用Canvas。本章以图像处理说明如何通过Canvas操作像素。

第一节　Canvas功能概述

一、Canvas与SVG的区别

SVG是一种使用XML描述2D图形的语言。它基于XML，即SVG DOM中的每个元素都是可用的，可以为某个元素附加JavaScript事件处理器。在SVG中，每个被绘制的图形均被视为对象。如果SVG对象的属性发生变化，那么浏览器能够自动重现图形。

SVG不依赖分辨率，支持事件处理器，适合带有大型渲染区域的应用程序（比如谷歌地图），复杂度高会降低渲染速度（任何过度使用DOM的应用都不快），不适合游戏应用。

Canvas通过JavaScript来绘制2D图形，是逐像素进行渲染的，一旦图形被绘制完成，它不会继续得到浏览器的关注。如果其位置或色彩发生变化，那么整个场景需要重新绘制[18]。

Canvas依赖分辨率，不支持事件处理器，文本渲染能力较弱，能够以.png或.jpg格式保存结果图像，适合图像密集型的游戏，对象会被频繁重绘。

二、Canvas标签和属性

Canvas 元素使用JavaScript 在网页上绘制图像。画布是一个矩形区域，控制其每一像素。它提供了多种绘制路径、矩形、圆形、字符以及添加图像的方法[19, 20]。以下以一个矩形和直方图的绘制说明Canvas的使用。

程序编号：CH10/HelloCanvas.htm

```
<html>
    <head>
        <title>
        </title>
    </head>
    <body>
        <canvas id="myCanvas" width="1000" height="700"></canvas>
        <script type="text/javascript">
            var c=document.getElementById("myCanvas");
            var cxt=c.getContext("2d");
            cxt.fillStyle="#0000FF";
            cxt.fillRect(0,0,100,500);
        </script>
    </body>
</html>
```

本例绘制了一个矩形。JavaScript使用id来寻找canvas元素，创建context对象，作为绘图上下文，getContext(“2d”) 对象是内建的HTML5对象，拥有多种绘制路径、矩形、圆形、字符以及添加图像的方法。

程序在JSBin中的运行结果如图10–1所示。

图 10–1　Canvas 绘制图形

如下对以上代码稍微修改，生成一个随机直方图，程序代码CH10/HistCanvas.htm。这段代码比较简单，无需赘述，代码逻辑可以对比第二章的SVG直方图。

程序编号：CH10/HistCanvas.htm

```
<html>
    <head>
        <title>
        </title>
    </head>
    <body>
        <canvas id="myCanvas" width="1200" height="700"></canvas>
        <script type="text/javascript">
            var c=document.getElementById("myCanvas");
            var cxt=c.getContext("2d");
            var n=10;
            var x=100,y=500
            for(var i=0;i<n;i++){
                var h=Math.floor(Math.random()*y);
                cxt.fillStyle="#0000FF";
                cxt.fillRect(i*(x+10),y-h,x,h);
            }
        </script>
    </body>
</html>
```

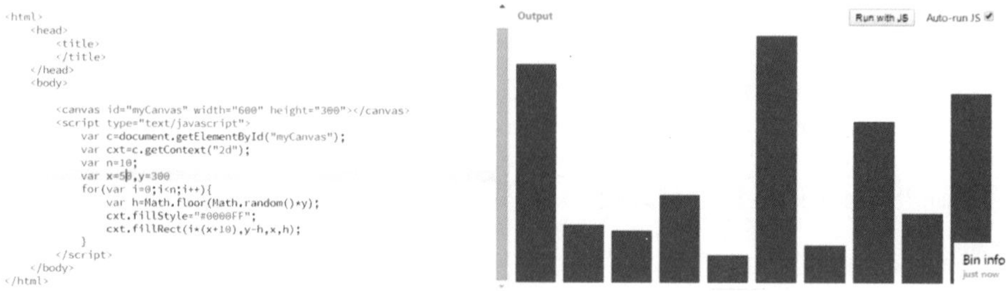

图 10–2 Canvas 绘制直方图在 JSBin 中的运行结果

三、Canvas加载图像

在Canvas中添加图片。代码如下：

程序编号：CH10/imageCanvas.htm

```
<html>
    <body>
        <h2>数据可视化之JS Canvas 图像处理</h2>
        <canvas id="myCanvas" width="600" height="400" style="border:1px solid
#c3c3c3;"></canvas>
```

```
        <script type="text/javascript">
            var c=document.getElementById("myCanvas");
            var cxt=c.getContext("2d");
            var img=new Image()
            img.src="flowerS.jpg"
            cxt.drawImage(img,0,0);
        </script>
    </body>
</html>
```

127.0.0.1:8080/BOOK2018/CH10/imageCanvas.htm

数据可视化之JS Canvas 图像处理

图 10-3　Canvas 加载图片

第二节　Canvas基本图像处理

一、Canvas图像操作API与处理流程

Canvas图像操作的相关API如下：

Canvas的getContext()：返回一个用于在画布上绘图的上下文环境。当前唯一的合法值是“2d”，它指定了二维绘图。

返回的绘图环境可以绘图和操作像素，假定ctx=canvas.getContext(“2d”)是返回的绘图上下文，则可以从ctx的ImageData操作像素，这个对象存储canvas对象真实的像素数据，用ctx.getImageData()获得像素数据。处理流程见图10-4。

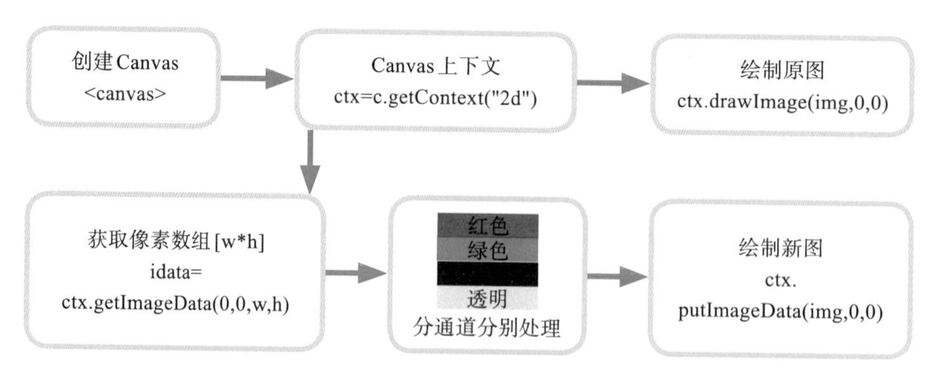

图 10-4 Canvas 图像处理流程

在获得图像像素数据后，返回一个数组，其中每一个像素用数组的四段表示，分别表示红（R）绿（G）蓝（B）和透明度（alpha）信息。对于图像的操作需要对RGB色彩通道分别处理。

二、图像负片

以负片效果为例，对像素数据的RGB分别取255减操作，即原来的（R,G,B）三元组变为（255-R,255-G,255-B）。下面以程序说明负片效果，程序见CH10/imageReverse.htm。运行结果见图10-5。

程序编号：CH10/imageReverse.htm

```
<html>
    <body>
    <center>
        <h2>数据可视化之JS Canvas 图像处理</h2>
        <button id="invert" color="blue">翻转</button>
        <hr width=70%></hr>
        <canvas id="myCanvas" width="600" height="400" style="border:1px solid
#c3c3c3;"></canvas>
        <script type="text/javascript">
            var c=document.getElementById("myCanvas");
            var cxt=c.getContext("2d");
            var img=new Image()
            img.src="flowerS.jpg"
            cxt.drawImage(img,0,0);
            var imageData = cxt.getImageData(0,0,c.width, c.height);
            var data = imageData.data;
            var invert = function() {
                for (var i = 0; i < data.length; i += 4) {
                  data[i]     = 255 - data[i];      // red
```

```
                data[i + 1] = 255 - data[i + 1]; // green
                data[i + 2] = 255 - data[i + 2]; // blue
            }
        cxt.putImageData(imageData,0,0);
        }
        var invertbtn = document.getElementById('invert');
        invertbtn.addEventListener('click', invert);
    </script>
    </center>
  </body>
</html>
```

图 10-5 Canvas 图像处理负片效果

三、灰度图像

灰度图的像素操作是对三元组的（R,G,B）的值取一个平均V，然后用平均值为每一个通道赋值（V,V,V）。程序代码见 CH10/imageGray.htm，运行结果见图 10-6。

程序编号：CH10/imageGray.htm

```
<html>
    <body>
    <center>
        <h2>数据可视化之JS Canvas 图像处理</h2>
        <button id="gray">灰度图</button>
        <hr width=70%></hr>
        <canvas id="myCanvas" width="600" height="400" style="border:1px solid
```

```
#c3c3c3;"></canvas>
        <script type="text/javascript">
            var c=document.getElementById("myCanvas");
            var cxt=c.getContext("2d");
            var img=new Image()
            img.src="flowerS.jpg"
            cxt.drawImage(img,0,0);
            var imageData = cxt.getImageData(0,0,c.width, c.height);
            var data = imageData.data;
            var grayScale = function() {
                for (var i = 0; i < data.length; i += 4) {
                  var avg = (data[i] + data[i +1] + data[i +2]) / 3;
                  data[i]     = avg; // red
                  data[i + 1] = avg; // green
                  data[i + 2] = avg; // blue
                }
                cxt.putImageData(imageData, 0, 0);
            };
            var grayBtn = document.getElementById('gray');
            grayBtn.addEventListener('click',grayScale);
        </script>
        </center>
    </body>
</html>
```

图 10–6　Canvas 图像处理灰度图像

四、图像二值化

图像二值化处理，先将图像计算出一个灰度图，然后针对这个灰度，大于阈值RGB都取255，小于阈值RGB都取0，可以得到二值图像。

程序代码见CH10/imageBinary.htm，运行结果在阈值=200和100下的图像变换结果见图10-7。

程序编号：CH10/imageBinary.htm

```
<html>
    <body>
    <center>
        <h2>数据可视化之JS Canvas 图像处理</h2>
        <button id="bin">二值图</button>
        <hr width=70%></hr>
        <canvas id="myCanvas" width="600" height="400" ></canvas>
        <script type="text/javascript">
            var c=document.getElementById("myCanvas");
            var cxt=c.getContext("2d");
            var img=new Image()
            img.src="flowerS.jpg"
            cxt.drawImage(img,0,0);
            var imageData = cxt.getImageData(0,0,c.width, c.height);
            var data = imageData.data;
            var binImage = function() {
                for (var i = 0; i < data.length; i += 4) {
                  var gray=Math.floor(imageData.data[i]*0.3+imageData.data[i+1]
*0.59+imageData.data[i+2]*0.11);
                  if(gray<100)
                    {
                        data[i]     =0; // red
                        data[i + 1] =0; // green
                        data[i + 2] =0; // blue
                            //console.log(gray);
                    }
                    else
                    {
                        data[i]     =255; // red
                        data[i + 1] =255; // green
                        data[i + 2] =255; // blue
                    }
                }
                cxt.putImageData(imageData, 0, 0);
            };
```

```
            var binBtn = document.getElementById('bin');
            binBtn.addEventListener('click',binImage);
        </script>
        </center>
    </body>
</html>
```

阈值=200　　　　阈值=100

图 10–7　Canvas 图像处理二值图像

第三节　Canvas 复杂图像处理

一、像素变换

Canvas的图像上下文取得图像像素返回的是一个数组，这个数组的长度等于图像的Width乘以图像的Heigth，再乘以4，一共四个通道：RGB和alpha值。

为了操作方便，需要把从像素上下文中取得的一维线性数组，映射成一个三维数组，方便操作像素的空间邻居。以柔化操作为例，是对9宫格像素的RGB通道求平均，每一个像素用左上、上、右上、左、自己、右、左下、下和右下的9个像素的均值替换本身的像素RGB值。

图10–8说明了从一维的imageData对象到图像三维数组的映射。

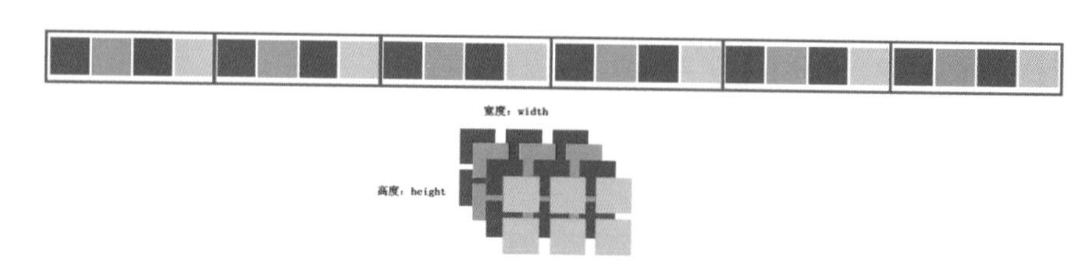

图 10–8　Canvas 图像中的 RGB 色彩通道

以下例子以水平翻转、柔化和锐化说明图像像素空间的操作。

二、水平翻转

在矩阵上做水平翻转操作比较容易。代码见 CH10/imageFlip.htm，运行结果见图 10-9。

程序编号：CH10/imageFlip.htm

```
<html>
    <body>
    <center>
        <h2>数据可视化之JS Canvas 图像处理</h2>
        <button id="flip">水平翻转</button>
        <hr width=70%></hr>
        <canvas id="myCanvas" width="600" height="400"></canvas>
        <script type="text/javascript">
            var c=document.getElementById("myCanvas");
            var cxt=c.getContext("2d");
            var img=new Image()
            img.src="flowerS.jpg"
            cxt.drawImage(img,0,0);
            var imageData = cxt.getImageData(0,0,c.width, c.height);
            var data = imageData.data;
            //dataMatrix
            var DM=new Array(c.height);
            for(var i=0;i<c.height;i++){
                    DM[i]=new Array(c.width);
                    for(var j=0;j<c.width;j++){
                        DM[i][j]=new Array(4);
                        DM[i][j][0]=data[(i*(c.width)+j)*4];
                        DM[i][j][1]=data[(i*(c.width)+j)*4+1];
                        DM[i][j][2]=data[(i*(c.width)+j)*4+2];
                        DM[i][j][3]=data[(i*(c.width)+j)*4+3];
                    }
            }
            var flipImage = function() {
                //水平翻转
                var tempPix
                for(var i=0;i<c.height;i++){
                    for(var j=0;j<c.width;j++){
                      if((i>0)&&(i<c.height-1)&&(j>0)&&(j<c.width-1)){
                            if(j<c.width/2)
```

```
                    {
                        for(var k=0;k<4;k++){
                            tempPix=DM[i][j][k];
                            DM[i][j][k]=DM[i][c.width-1-j][k];
                            DM[i][c.width-1-j][k]=tempPix;
                        }
                    }
                }
            }
        }
        for(var i=0;i<c.height;i++){
            for(var j=0;j<c.width;j++){
                data[(i*(c.width)+j)*4]=DM[i][j][0];
                data[(i*(c.width)+j)*4+1]=DM[i][j][1];
                data[(i*(c.width)+j)*4+2]=DM[i][j][2];
                data[(i*(c.width)+j)*4+3]=DM[i][j][3];
            }
        }
        cxt.putImageData(imageData, 0, 0);
    };
    var flipBtn = document.getElementById('flip');
    flipBtn.addEventListener('click',flipImage);
  </script>
  </center>
 </body>
</html>
```

同样水平翻转操作可逆，因此点击【水平翻转】可以翻来翻去，翻转奇数次为水平翻转，翻转偶数次与原图相同。

图 10–9　Canvas 图像水平翻转操作

三、柔化效果

柔化的程序见CH10/imageBlur.htm，其中在通过9宫格取平均柔化后，把像素还要写回一维数组imageData，并重新绘制图像。图10-10是柔化操作示意，局部9宫格的像素的RGB值求均值。

Pix(i-1,j-1) 1	Pix(i-1,j) 1	Pix(i-1,j+1) 1
Pix(i,j-1) 1	Pix(i,j) 1	Pix(i,j+1) 1
Pix(i+1,j-1) 1	Pix(i+1,j) 1	Pix(i+1,j+1) 1

图10-10　柔化操作像素局部

程序编号：CH10/imageBlur.htm

```
<html>
    <body>
    <center>
        <h2>数据可视化之JS Canvas 图像处理</h2>
        <button id="blur">柔化</button>
        <hr width=70%></hr>
        <canvas id="myCanvas" width="600" height="400"></canvas>
        <script type="text/javascript">
            var c=document.getElementById("myCanvas");
            var cxt=c.getContext("2d");
            var img=new Image()
            img.src="flowerS.jpg"
            cxt.drawImage(img,0,0);
            var imageData = cxt.getImageData(0,0,c.width, c.height);
            var data = imageData.data;
            //dataMatrix
            var DM=new Array(c.height);
            for(var i=0;i<c.height;i++){
                    DM[i]=new Array(c.width);
                    for(var j=0;j<c.width;j++){
                        DM[i][j]=new Array(4);
                        DM[i][j][0]=data[(i*(c.width)+j)*4];
                        DM[i][j][1]=data[(i*(c.width)+j)*4+1];
                        DM[i][j][2]=data[(i*(c.width)+j)*4+2];
                        DM[i][j][3]=data[(i*(c.width)+j)*4+3];
                    }
            }
            var blurImage = function() {
```

```
                //9宫格平均，实现柔化Blur
                for(var i=0;i<c.height;i++){
                    for(var j=0;j<c.width;j++){
                      if((i>0)&&(i<c.height-1)&&(j>0)&&(j<c.width-1)){

DM[i][j][0]=(DM[i-1][j-1][0]+DM[i-1][j][0]+DM[i-1][j+1][0]+DM[i][j-1][0]+DM[i][j][0]+DM[i]
[j+1][0]+DM[i+1][j-1][0]+DM[i+1][j][0]+DM[i+1][j+1][0])/9;
DM[i][j][1]=(DM[i-1][j-1][1]+DM[i-1][j][1]+DM[i-1][j+1][1]+DM[i][j-1][1]+DM[i][j][1]+DM[i]
[j+1][1]+DM[i+1][j-1][1]+DM[i+1][j][1]+DM[i+1][j+1][1])/9;
DM[i][j][2]=(DM[i-1][j-1][2]+DM[i-1][j][2]+DM[i-1][j+1][2]+DM[i][j-1][2]+DM[i][j][2]+DM[i]
[j+1][2]+DM[i+1][j-1][2]+DM[i+1][j][2]+DM[i+1][j+1][2])/9;
                      }
                    }
                }
                for(var i=0;i<c.height;i++){
                    for(var j=0;j<c.width;j++){
                        data[(i*(c.width)+j)*4]=DM[i][j][0];
                        data[(i*(c.width)+j)*4+1]=DM[i][j][1];
                        data[(i*(c.width)+j)*4+2]=DM[i][j][2];
                        data[(i*(c.width)+j)*4+3]=DM[i][j][3];
                    }
                }
                cxt.putImageData(imageData, 0, 0);
            };
            var blurBtn = document.getElementById('blur');
            blurBtn.addEventListener('click',blurImage);
        </script>
        </center>
    </body>
</html>
```

程序运行结果见图10-11。对于柔化操作，点击【柔化】按钮可以不断调用，达到柔化、再柔化的效果。

柔化次数=1　　柔化次数=5

图 10-11　Canvas 图像的柔化操作

四、锐化效果

锐化操作是通过削弱周围邻居像素的RGB值来突出当前像素的RGB值。以下代码使用了图10-12的操作，左上、右上、左下、右下都为0倍，上、下、左、右为-1倍，提升当前像素为原来的10倍，求和，为保证数据仍在[0,255]之间，对求和结果除以6。

Pix(i-1,j-1) 0	Pix(i-1,j) -1	Pix(i-1,j+1) 0
Pix(i,j-1) -1	Pix(i,j) 10	Pix(i,j+1) -1
Pix(i+1,j-1) 0	Pix(i+1,j) -1	Pix(i+1,j+1) 0

图 10-12　柔化操作像素局部

程序代码见CH10/imageSharpen.htm，运行结果见图10-13所示。

原图　　锐化两次

图 10-13　Canvas 图像锐化前后对比

程序编号：CH10/imageSharpen.htm

```
<html>
    <body>
    <center>
        <h2>数据可视化之JS Canvas 图像处理</h2>
        <button id="sharpen">锐化</button>
        <hr width=70%></hr>
        <canvas id="myCanvas" width="600" height="400"></canvas>
        <script type="text/javascript">
            var c=document.getElementById("myCanvas");
            var cxt=c.getContext("2d");
            var img=new Image()
            img.src="flowerS.jpg"
            cxt.drawImage(img,0,0);
            var imageData = cxt.getImageData(0,0,c.width, c.height);
            var data = imageData.data;
            //dataMatrix
            var DM=new Array(c.height);
            for(var i=0;i<c.height;i++){
                    DM[i]=new Array(c.width);
                    for(var j=0;j<c.width;j++){
                        DM[i][j]=new Array(4);
                        DM[i][j][0]=data[(i*(c.width)+j)*4];
                        DM[i][j][1]=data[(i*(c.width)+j)*4+1];
                        DM[i][j][2]=data[(i*(c.width)+j)*4+2];
                        DM[i][j][3]=data[(i*(c.width)+j)*4+3];
                    }
            }
            var sharpenImage = function() {
                //9宫格平均，实现柔化Blur
                for(var i=0;i<c.height;i++){
                    for(var j=0;j<c.width;j++){
                      if((i>0)&&(i<c.height-1)&&(j>0)&&(j<c.width-1)){

DM[i][j][0]=(DM[i-1][j-1][0]*0-DM[i-1][j][0]+DM[i-1][j+1][0]*0-DM[i][j-1][0]+DM[i][j]
[0]*10-DM[i][j+1][0]+DM[i+1][j-1][0]*0-DM[i+1][j][0]+DM[i+1][j+1][0]*0)/6;
DM[i][j][1]=(DM[i-1][j-1][1]*0-DM[i-1][j][1]+DM[i-1][j+1][1]*0-DM[i][j-1][1]+DM[i][j]
[1]*10-DM[i][j+1][1]+DM[i+1][j-1][1]*0-DM[i+1][j][1]+DM[i+1][j+1][1]*0)/6;
DM[i][j][2]=(DM[i-1][j-1][2]*0-DM[i-1][j][2]+DM[i-1][j+1][2]*0-DM[i][j-1][2]+DM[i][j]
[2]*10-DM[i][j+1][2]+DM[i+1][j-1][2]*0-DM[i+1][j][2]+DM[i+1][j+1][2]*0)/6;
                        }
                    }
```

```
            }
            for(var i=0;i<c.height;i++){
                for(var j=0;j<c.width;j++){
                    data[(i*(c.width)+j)*4]=DM[i][j][0];
                    data[(i*(c.width)+j)*4+1]=DM[i][j][1];
                    data[(i*(c.width)+j)*4+2]=DM[i][j][2];
                    data[(i*(c.width)+j)*4+3]=DM[i][j][3];
                }
            }
            cxt.putImageData(imageData, 0, 0);
        };
        var sharpenBtn = document.getElementById('sharpen');
        sharpenBtn.addEventListener('click',sharpenImage);
    </script>
    </center>
  </body>
</html>
```

小结

本章论述了Canvas绘图，它完全可以胜任可视化工作，但是由于生成的是图像，拉伸会失真。如果在Web端做图像处理，需要使用Canvas操作，本章主要论述了如何操作像素实现图像变换。另外，如果做比较复杂的SVG的可视化算法，常常使用Canvas的像素操作在后端辅助计算，而绘制采用SVG，如D3的词云图算法实现就是这样做的，可以读D3词云的算法实现洞悉这个思想。

第十一章

数据可视化之数据采集

本章围绕维基百科（Wikipedia）构建一个“JavaScript”主题的知识图谱，阐述了网络爬虫、数据获取和解析、数据存储，最后使用力导向图可视化展示JavaScript知识图谱。

第一节　Python 爬虫基础

一、Python爬虫概述

网络爬虫（又称网页蜘蛛、网络机器人），是按照一定规则，自动地抓取万维网信息的程序或脚本。Python语言语法简单，且与其他编程语言比有更丰富的标准库以及大量的第三方库，使开发更加便捷，成为大数据时代数据分析广泛使用的语言。本节通过requests、beautifulsoup4、re等标准库及第三方库实现一个面向主题的Python爬虫。此处假设读者已经熟悉了Python语言，并安装了Python3.5版本。

首先要确定从哪里获取数据，互联网数据可以用URL（统一资源定位符）来确定位置，URL是互联网上标准资源的地址。互联网上的每个文件都有一个唯一的URL，标识文件的位置以及浏览器应该怎么处理它。

URL由三部分组成：协议（或称为服务方式）、存有该资源的主机IP地址以及端口号、主机资源目录和文件名以及用户名和密码及参数和参数值。格式如下：

协议://用户名:密码@子域名.域名.顶级域名:端口号/目录/文件名.文件后缀?参数=值#标志

二、数据获取

（一）网络请求requests库的安装

Requests是用python语言基于urllib库编写的，封装后的库使用更加简便。Requests参考文档见http://www.python-requests.org/en/master/[21]。

安装Requests。快捷键Win+R键打开运行窗口，输入cmd命令后按下回车，进入系统命令提示行中，输入命令“pip install requests”并按下回车，pip工具将自动完成requests库的安装，如图11-1。

```
F:\python3.5>pip install requests
Collecting requests
  Using cached requests-2.18.4-py2.py3-none-any.whl
Requirement already satisfied: idna<2.7,>=2.5 in f:\python3.5\install\lib\site-packages (from requests)
Requirement already satisfied: certifi>=2017.4.17 in f:\python3.5\install\lib\site-packages (from requests)
Requirement already satisfied: urllib3<1.23,>=1.21.1 in f:\python3.5\install\lib\site-packages (from requests)
Requirement already satisfied: chardet<3.1.0,>=3.0.2 in f:\python3.5\install\lib\site-packages (from requests)
Installing collected packages: requests
Successfully installed requests-2.18.4
```

图11-1　安装requests库

大部分软件开发使用集成开发环境，在此使用流行的Python IDE，即PyCharm Community Edition 2017.1.4，下载地址https://www.jetbrains.com/pycharm[22]。下载并安装PyCharm后，打开File下的Settings，在图11-2环境点击Install，安装Requests，安装完成后如图11-3所示。

Project: PYTEST › Project Interpreter　For current project

Project Interpreter: 3.5.2 (C:\Users\lcf\AppData\Local\Programs\Python\Python35\pytho...

Package	Version	Latest
Flask	0.12.1	➡ 0.12.2
Flask-Bootstrap	3.3.7.1	3.3.7.1
Flask-Bootstrap3	3.1.1.3	3.1.1.3
Flask-Login	0.4.0	0.4.0
Flask-Mail	0.9.1	0.9.1
Flask-Moment	0.5.1	➡ 0.5.2
Flask-SQLAlchemy	2.2	➡ 2.3.1
Flask-Script	2.0.5	➡ 2.0.6
Flask-Script-Extras	0.1.4	
Flask-WTF	0.14.2	0.14.2
Jinja2	2.9.6	2.9.6
MarkupSafe	1.0	1.0
Pillow	4.1.1	➡ 4.3.0
PyMySQL	0.7.11	0.7.11
SQLAlchemy	1.1.9	➡ 1.2.0b2

图11-2　在PyCharm中安装requests

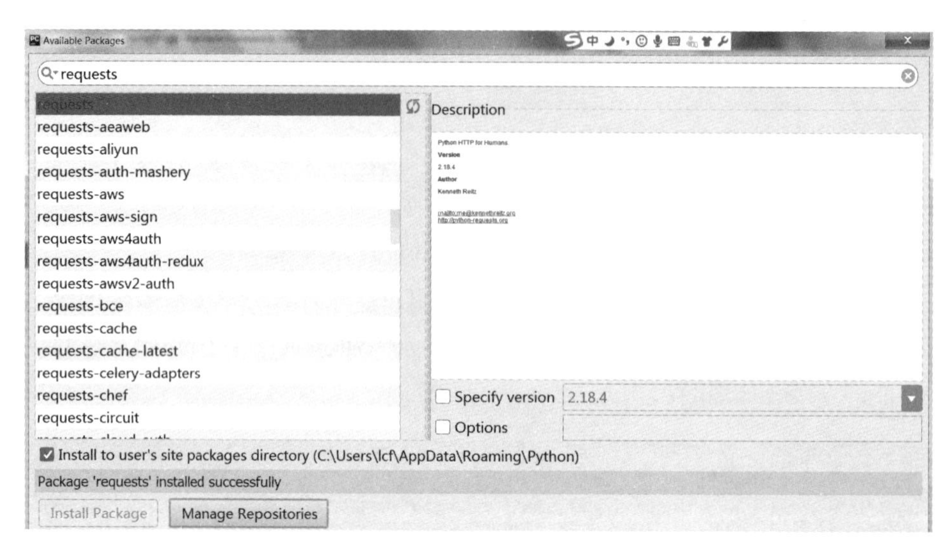

图 11-3　安装 requests 完成

（二）发送网络请求获取页面

先写一个helloRequest.py。导入requests模块，通过调用requests的get()方法即可获取URL对应的网络资源，存入变量r，它取回了网页的所有信息。本例URL是网易音乐中黑豹乐队现任主唱“张琪”的页面数据，其参数为id=6697，在Pycharm中的运行结果见图11-4。

程序编号：CH11/helloRequest.py

```
import requests
url='http://music.163.com/#/artist?id=6697'
r=requests.get(url).text
print(r)
```

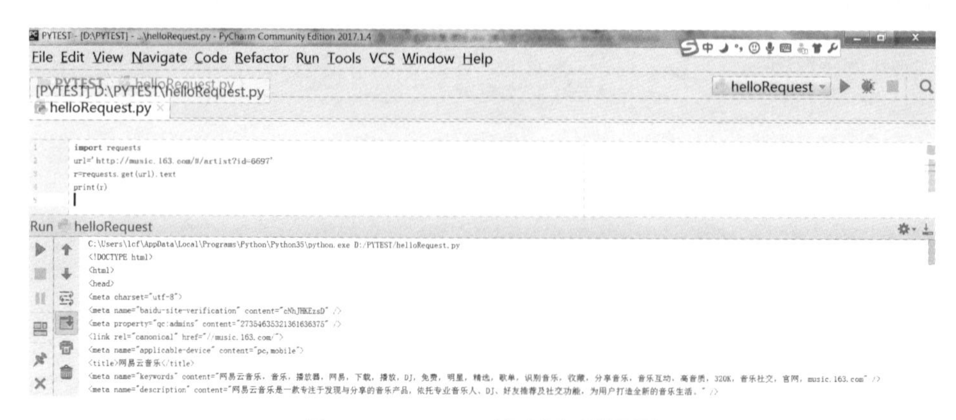

图 11-4　Requests 请求返回的页面

此外，requests提供了多种API分别对应不同的HTTP 请求类型：POST、PUT、DELETE、HEAD以及OPTIONS。见如下代码片段：

```
r = requests.post("http://httpbin.org/post")
r = requests.put("http://httpbin.org/put")
r = requests.delete("http://httpbin.org/delete")
r = requests.head("http://httpbin.org/get")
r = requests.options("http://httpbin.org/get")
```

带参数请求。Requests 允许使用params关键字传递URL参数，以字符串字典来提供这些参数。如果手工构建 URL，数据会以键/值对的形式置于URL 中，跟在一个问号的后面。例如：

```
http://httpbin.org/get?key=val
```

如果想传递key1=value1和key2=value2到 httpbin.org/get，可用如下代码：

```
params= {'key1': 'value1', 'key2': 'value2'}
r = requests.get("http://httpbin.org/get", params=params)
```

通过打印输出该URL，可以看到URL字符串已被正确拼接：

```
>>> print(r.url)
http://httpbin.org/get?key2=value2&key1=value1
```

（三）页面响应内容

请求方法返回一个Response对象，通过调用Response对象的成员变量，获得网络请求返回的各种信息，Response对象常用成员变量见表11-1。需要爬取的数据也在其中。Requests 能自动解码来自服务器的内容，大多数Unicode字符集都能被无缝地解码。

表 11-1 Response 对象常用成员变量

变量	返回值
status_code	HTTP 请求返回状态码，200 表示请求成功
text	HTTP 响应内容的字符串形式，即 URL 对象资源的文本内容
content	HTTP 响应内容的二进制形式，如文件和图片需要以该方式保存
apparent_encoding	从 HTML 正文部分分析响应编码（备用方式）
encoding	从 HTTP 头部猜测的编码方式，若服务器没有定义默认为 ISO-8859-1，此时访问中文页面需要手动修改为页面的编码。

（四）定制头文件

在为请求添加 HTTP 头部的时候，传递一个字典给 headers 参数，requests 不会因为定制header改变行为，只在最后的请求中，所有的 header 信息都会被传递进去。通过这种方式可以模拟浏览器请求网络数据。

```
headers = {'user-agent': 'my-app/0.0.1'}
response = requests.get(url, headers=headers)
```

三、爬虫网页、图片及文件实例

网络图片及文件是爬虫需要抓取的重要内容之一，通过requests库，可将网络上的文件资源保存在本地。文件名可通过其他方式处理。程序RequestsW3C.py请求了一个页面，运行结果见图11-5。

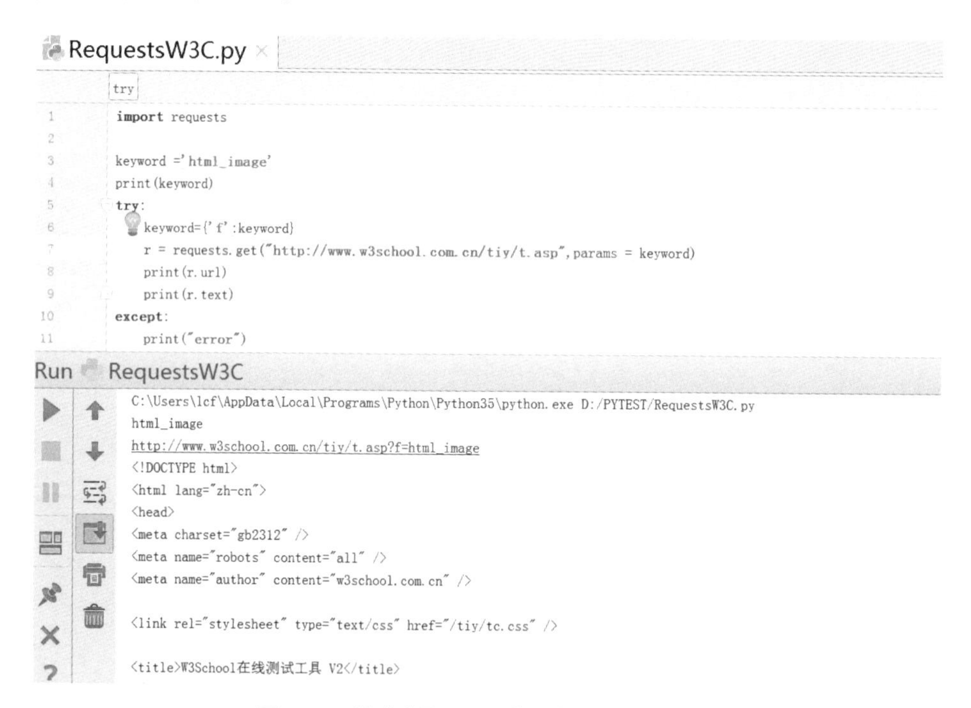

图 11-5　请求获取 W3C 的一个页面文本内容

程序编号：CH11/RequestsW3C.py

```
import requests
keyword ='html_image'
try:
    keyword={'f':keyword}
    r = requests.get("http://www.w3school.com.cn/tiy/t.asp",params = keyword)
    print(r.url)
```

```
    print(r.text)
except:
    print("error")
```

接下来请求获取其中一个图片的内容，获取它的二进制。使用Response的content获得一个图片的内容，然后保存在本地，当前文件夹下，名字为w3c.jpg，程序运行后可以看到新创建了这个图片文件，而当用print()显示时，是文件的以16进制表示的二进制文件，运行结果见图11-6。

程序编号：CH11/RequestsImage.py

```
import requests
try:
    r = requests.get("http://www.w3school.com.cn//i/eg_mouse.jpg")
    print(r.content)
    f = open('w3c.jpg', 'wb')
    f.write(r.content)
    f.close()
except:
    print("error")
```

RequestsImage.py

```
except
1 import requests
2 try:
3     r = requests.get("http://www.w3school.com.cn//i/eg_mouse.jpg")
4     print(r.content)
5     f = open('w3c.jpg', 'wb')
6     f.write(r.content)
7     f.close()
8 except:
9     print("error")
```

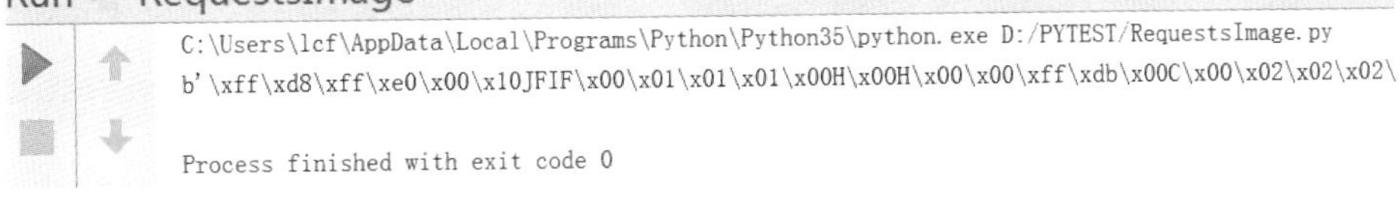

图11-6　请求获取W3C的一个页面的文本内容

第二节 数据解析

上一节利用Requests库的方法，通过URL获取到网页数据、图片及二进制文件。经常遇到的情况是获得HTML页面、JSON数据或XML数据后，用户希望从中提取感兴趣的内容，或者从有广告或噪声的页面提取干净的数据。Python第三方库Beautiful Soup4提供了从HTML页面中解析完整Web信息的API。

一、BeautifulSoup4简介与安装

BeautifulSoup4是一个可以从HTML或XML文件中提取数据的Python库。它通过转换器实现文档导航、查找、修改文档[23]。

BeautifulSoup4安装。在Windows系统命令提示行中，输入命令“pip install beautifulsoup4”并按下回车，pip工具将自动完成BeautifulSoup4的安装。中文文档地址是https://www.crummy.com/software/BeautifulSoup/bs4/doc.zh/，参见图11-7。

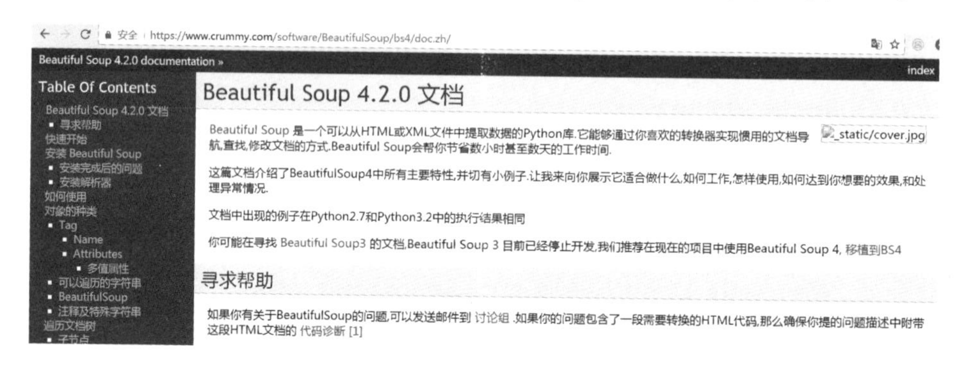

图 11-7 BeautifulSoup4 官方文档

二、基本API

（一）可用的解释器

BeautifulSoup4的使用。通过import命令引入该库，库名为bs4，代码如下：

```
from bs4 import BeautifulSoup
```

BeautifulSoup4库需要设置HTML解析器才能对HTML文件解析，支持的解析方法见表11-2。BeautifulSoup()方法传入的markup变量为HTML或XML文档格式的字符串，返回对文档字符串格式化后的BeautifulSoup4对象。

表 11-2　Beautiful Soup 的可用解释器

解析器	使用方法	使用条件
Python 标准库	BeautifulSoup(markup, "html.parser")	内置标准库
lxml HTML 解析器	BeautifulSoup(markup, "lxml")	pip install lxml 并需要安装 C 语言库
lxml XML 解析器	BeautifulSoup(markup, "xml")	pip install lxml 并需要安装 C 语言库
html5lib	BeautifulSoup(markup, "html5lib")	pip install html5lib

通过pip安装lxml容易出现缺少VC库的错误提示，可选择到微软官网下载VC++对应的Python版本，若计算机已安装有Visual Studio的高级版本，通过下列指令可将环境变量临时改为对应的高级版本，使lxml库能够正确安装。其中VS140对应Visual Studio2015版本。

```
SET VS90COMNTOOLS=%VS140COMNTOOLS%
```

（二）解析返回的四种对象

BeautifulSoup4将复杂的HTML文档转换成一个树形结构，每个节点都是Python对象，所有对象可以归纳为4种：Tag、NavigableString、BeautifulSoup和Comment。详见表11-3。

表 11-3　Beautiful Soup 的四种对象

对　象	说　明
Tag	对象与 XML 或 HTML 原生文档中的 tag 相同
NavigableString	字符串常被包含在 Tag 内 BeautifulSoup 用 NavigableString 类来包装 Tag 中的字符串
BeautifulSoup	对象表示一个文档的全部内容。可以把它当作 Tag 对象，支持遍历文档树和搜索文档树中描述的大部分方法
Comment	一个特殊类型的 NavigableString 对象，表示 HTML 的注释

（三）Tag对象

其中最常用的是Tag对象，它结构化了HTML文档中的Tag，HTML文档的Tag中各类属性皆可通过调用Tag对象对应的方法或成员变量获取，是提取HTML文档信息的重要手段，参见表11-4所列。

表 11–4 Tag 类型对象的常用成员变量

成员变量	说 明
name	标签名 例：<p>…</p> 的 <tag>.name 既是‘p’
attrs	标签属性，字典形式组织，通过 <tag>.attrs 获取属性字典，若 tag 标签带有‘id’属性，则可通过 <tag>.attrs[‘id’] 获取该属性的值
string	Tag 标签内没有其他标签作为子节点，获取标签内的非属性字符串 通过 <tag>.string 方式获得，如果 tag 包含了多个子节点，输出结果为 None
contents	<tag>.contents 属性将 tag 的子节点以列表方式输出
children	<tag>.children 属性是生成器，对 tag 的子节点循环
parent	<tag>.parent 属性来获取某个元素的父节点

（四）Find_all() 与 Find() 方法

BeautifulSoup 提供了 find() 和 find_all() 方法，可以从 DOM 树中找到对应的 Tag 对象标签。这两个方法用法相同，但返回的结果不同，find() 方法返回符合条件的第一个 Tag 对象，而 find_all() 返回所有符合条件的 Tag 对象的列表。find_all() 方法搜索当前 tag 的所有 tag 子节点，并判断是否符合过滤器的条件，其中过滤器能以字符串、正则表达式、列表、True、方法五种方式接受过滤条件。

关于 find_all() 的参数如下：

```
find_all( name , attrs , recursive , text , **kwargs )
name:可以查找所有名字为 name 的tag
attrs:按照CSS类名搜索tag,但标识CSS类名的关键字 class 在Python中是保留字,使用 class
做参数会导致语法错误.从Beautiful Soup的4.1.1版本开始,可以通过 class_ 参数搜索有指定
CSS类名的tag
recursive:调用tag的find_all() 方法时,Beautiful Soup会检索当前tag的所有子孙节点,如
果只想搜索tag的直接子节点,可以使用参数 recursive=False
text:搜文档中的字符串内容
常见用法:
soup.find_all('p') :查找所有p标签
soup.find_all('a',attrs={"class":"nav"}) : 查找所有class为nav的a标签
soup.find_all('p',id=True) : 查找所有带有id属性的p标签
soup.find_all('a',href=re.compile('com'),class_='nav') : 查找所有href(即url)中带有com
字符同时class属性为nav的a标签。
```

（五）实例

本例对W3C的一个网页进行操作，其URL与RequestsW3C.py是相同的，查找这个网页中的超链接，即<a>标签。运行结果见图11-8。

程序编号：HelloBS4.py

```
from bs4 import BeautifulSoup
import requests
try:
    r=requests.get("http://www.w3school.com.cn/tiy/t.asp?f=jseg_text")
    soup = BeautifulSoup(r.text,'html.parser')
    href=soup.find_all('a')
    print(href)
except:
    print("error")
```

图11-8　爬取W3C的一个页面并获取超链接

三、在Python中使用正则表达式

（一）正则表达式简介

正则表达式，又称规则表达式，是编译原理中的一个概念。正则表通常被用来检索、替换那些符合某个规则的文本。许多程序设计语言都支持利用正则表达式进行字符串操作，区别只在于不同的编程语言实现支持的语法数量不同。

Python中的正则表达式模块为re，它实现了所有的语法功能，虽然效率上不如str自带的方法，但功能十分强大。表11-5是正则表达式的基本规则。

表 11-5　正则表达式基本规则

<table>
<tr><th>模　式</th><th>描　述</th></tr>
<tr><td>^</td><td>匹配字符串的开头</td></tr>
<tr><td>$</td><td>匹配字符串的末尾</td></tr>
<tr><td>.</td><td>匹配任意字符，除了换行符，当 re.DOTALL 标记被指定时，则可以匹配包括换行符的任意字符</td></tr>
<tr><td>[...]</td><td>用来表示一组字符，单独列出：[amk] 匹配 ‘a’，’m’ 或 'k'</td></tr>
<tr><td>[^...]</td><td>不在 [] 中的字符：[^abc] 匹配除了 a,b,c 之外的字符</td></tr>
<tr><td>re*</td><td>匹配 0 个或多个的表达式</td></tr>
<tr><td>re+</td><td>匹配 1 个或多个的表达式</td></tr>
<tr><td>re?</td><td>匹配 0 个或 1 个由前面的正则表达式定义的片段，非贪婪方式</td></tr>
<tr><td>re{ n,}</td><td>精确匹配 n 个前面表达式</td></tr>
<tr><td>re{ n, m}</td><td>匹配 n 到 m 次由前面的正则表达式定义的片段，贪婪方式</td></tr>
<tr><td>a| b</td><td>匹配 a 或 b</td></tr>
<tr><td>(re)</td><td>G 匹配括号内的表达式，也表示一个组</td></tr>
<tr><td>\w</td><td>匹配字母数字及下划线</td></tr>
<tr><td>\W</td><td>匹配非字母数字及下划线</td></tr>
<tr><td>\s</td><td>匹配任意空白字符，等价于 [\t\n\r\f].</td></tr>
<tr><td>\S</td><td>匹配任意非空字符</td></tr>
<tr><td>\d</td><td>匹配任意数字，等价于 [0-9].</td></tr>
<tr><td>\D</td><td>匹配任意非数字</td></tr>
<tr><td>\A</td><td>匹配字符串开始</td></tr>
<tr><td>\Z</td><td>匹配字符串结束，如果存在换行，只匹配到换行前的结束字符串</td></tr>
<tr><td>\z</td><td>匹配字符串结束</td></tr>
<tr><td>\G</td><td>匹配最后匹配完成的位置</td></tr>
<tr><td>\b</td><td>匹配一个单词边界，也就是指单词和空格间的位置。例如，‘er\b’ 可以匹配” never” 中的 ‘er’，但不能匹配 “verb” 中的 'er'</td></tr>
<tr><td>\B</td><td>匹配非单词边界。’ er\B’ 能匹配 “verb” 中的 ‘er’，但不能匹配 “never” 中的 'er'</td></tr>
<tr><td>\n, \t, 等 .</td><td>匹配一个换行符；匹配一个制表符</td></tr>
<tr><td>\1...\9</td><td>匹配第 n 个分组的内容</td></tr>
<tr><td>\10</td><td>匹配第 n 个分组的内容，如果它经匹配。否则指的是八进制字符码的表达式</td></tr>
</table>

（二）Re模块的基本函数

Python通过re模块提供对正则表达式的支持。许多网址会将一部分数据直接以Javascript变量的方式写在HTML文档中，再通过执行JavaScript脚本填入页面。编写网络爬虫时，使用正则表达式匹配HTML文档中的JavaScript部分比较方便。

re.match()函数。它尝试从字符串的起始位置匹配一个模式，如果不是起始位置匹配成功的话，match()就返回none。

```
re.match(pattern, string, flags=0)
pattern：匹配的正则表达式
string：要匹配的字符串
flags：标志位，用于控制正则表达式的匹配方式，如：是否区分大小写，多行匹配等
```

匹配成功re.match方法返回一个匹配的对象，否则返回None，可以使用group(-num)或groups()匹配对象函数来获取匹配表达式。

```
group(num=0)： 匹配的整个表达式的字符串，group() 可以一次输入多个组号，在这种情况下它返
   回一个包含那些组所对应值的元组
groups()：返回一个包含所有小组字符串的元组
```

re.search函数。它扫描整个字符串并返回第一个成功的匹配。用法与re.match()相同。二者的区别在于re.match只匹配字符串的开始，如果字符串开始不符合正则表达式，则匹配失败，函数返回None；而re.search匹配整个字符串，直到找到一个匹配。

```
re.search(pattern, string, flags=0)
```

re.sub函数。用于替换字符串中的匹配项。

```
re.sub(pattern, repl, string, count=0, flags=0)
pattern ：正则中的模式字符串。
repl ：替换的字符串，也可为一个函数。
string ：要被查找替换的原始字符串。
count ：模式匹配后替换的最大次数，默认 0 表示替换所有的匹配。
```

re.findall函数。能够以列表的形式返回能匹配的子串。

```
re.findall(pattern, string, flags=0)
```

（三）实例

从JavaScript形式的文本中查找所需要的数据，利用正则表达式的括号进行分组，直接提取变量的内容。示例程序见HelloRe.py：

程序编号：CH11/HelloRe.py

```
import re
str='data=["中国","美国","日本","英国"];city=["广州","北京","上海","深圳"];'
result = re.match(r'data=(.*?);',str)
print(result.group(1))
#运行结果  ["中国","美国","日本","英国"]
```

第三节　数据存储与知识图谱可视化

爬虫爬取完数据之后，往往需要将数据存储在本地，以备对数据进行处理以及进一步的使用。通常数据可以存储在数据库或者文本文件中。

一、Python存储数据到文本文件

使用Python将数据存储为文本文件非常方便，需要注意的是中文的编码格式。通过with方式打开文件既能让对象自动释放，又包含了异常捕获的功能，比直接使用open打开文件更加方便和安全，以下代码把数据逐行写入文本文件data.txt中，运行结果见图11-9。

程序编号：CH11/SaveText.py

```
data=["名称 最新价 涨跌幅",
      "永安行 38.66 43.99%",
      "秦港股份 3.71 10.09%",
      "中船科技 18.54 10.03%"]
with open('data.txt','w+',encoding='utf-8') as f:
    for d in data:
        f.writelines(d+'\n')
```

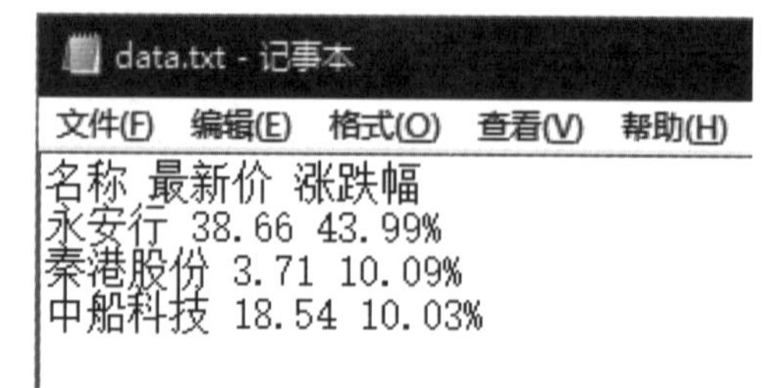

图 11-9　Python 保存为 Txt 文件的程序运行结果

二、Python存储数据到mysql数据库

Python操纵数据库在不同版本使用不一样的第三方库，Python3.x 版本中使用PyMySQL连接 MySQL服务器，Python2.x中则使用mysqldb。二者皆可通过pip方式进行安装，在PyCharm下，安装完成PyMySQL后如图11-10所示。

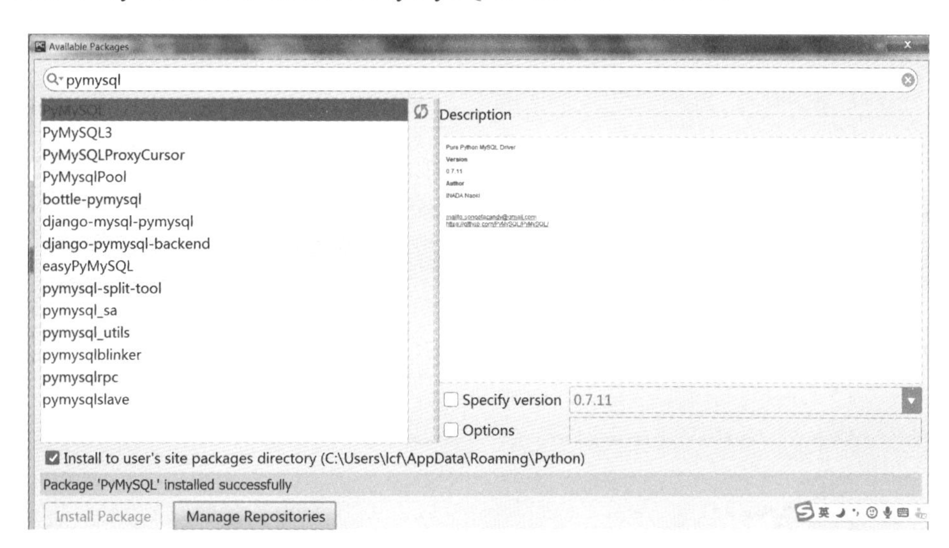

图 11-10　安装 PyMYSQL 的库

通常，爬虫只对数据库进行增删改查的增操作，或者说是数据库的CRUD（Create、Retrieve、Update和Delete）的C（Create）操作，因此在连接数据库前，先在数据库中创建存取数据的数据库，并针对爬虫爬取的数据创建对应的表。假设已创建名为SpiderDB的数据库，该库中创建了表Stock(id,name,price,rise)，包含4个字段，其中id是自增的。使用MySQL5.7，数据库的账号为初始账号“root”，密码为“123456”。在MySQL的客户端软件MySQL Front中建表的结果如图11-11所示。

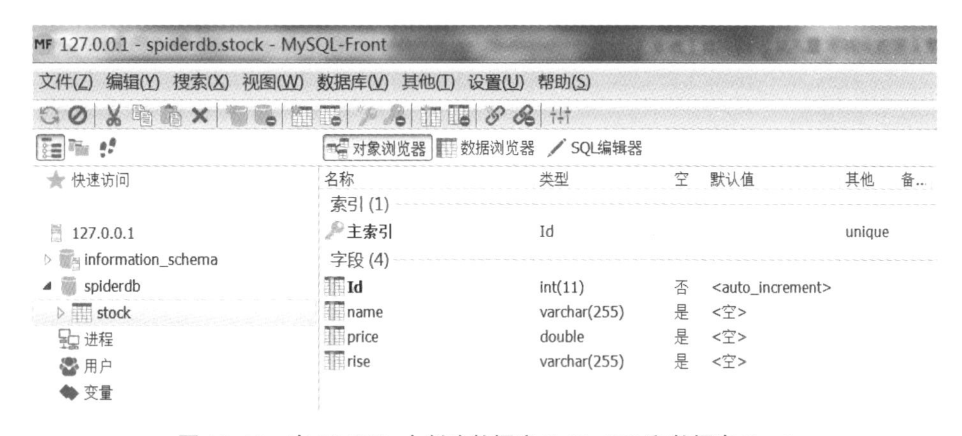

图 11-11　在 MySQL 中创建数据库 SpiderDB 和数据表 Stock

建立数据库及表时注意编码格式为utf-8，以应对中文形式的数据存储。程序见SaveMySQL.py，运行后的数据库内容见图11-12。

程序编号：CH11/SaveMySQL.py

```
import pymysql

data=[['永安行', '38.66', '43.99%'],
      ['秦港股份', '3.71', '10.09%'],
      ['中船科技', '18.54', '10.03%']]

# pymysql.connect(数据库url,用户名,密码,数据库名,编码格式 )
db = pymysql.connect("localhost", "root", "123456", "SpiderDB", charset = 'utf8')
cursor = db.cursor()
try:
    for d in data:
        cursor.execute("INSERT INTO stock(name,price,rise) VALUES(%s,%s,%s)",
(d[0], d[1], d[2]))
        print("ok")
        db.commit()
except:
    db.rollback()
db.close()
```

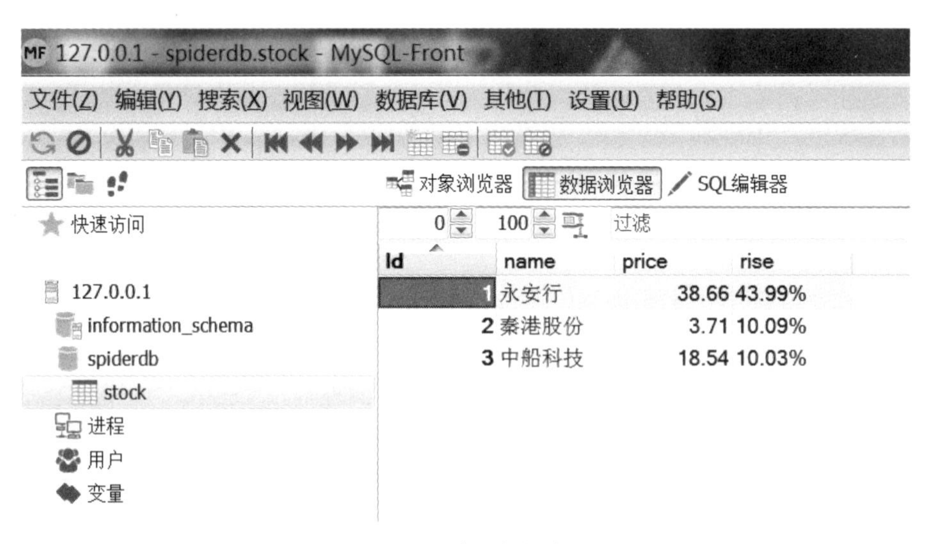

图 11-12　数据存入数据表 Stock

三、实例：爬取维基百科的词条

为了实现爬取构造一个知识图谱，先要爬取一定量的词条以及词条之间的关系，本实例使用维基百科词条之间的链接作为关系。爬虫功能分解为三点：爬取词条、词条的URL、访问词条链接的其他词条页面。从而能够顺着词条的链接，在Web页面上游走，获取词条之间的关系。

（一）页面结构分析

在编写网络爬虫之前，先要分析页面结构，找出爬取内容在HTML页面中的位置。根据功能设计，按需爬取：词条标题、词条简介（以获取简介中的外部链接）、词条URL（见图11-13中标记的部分）。

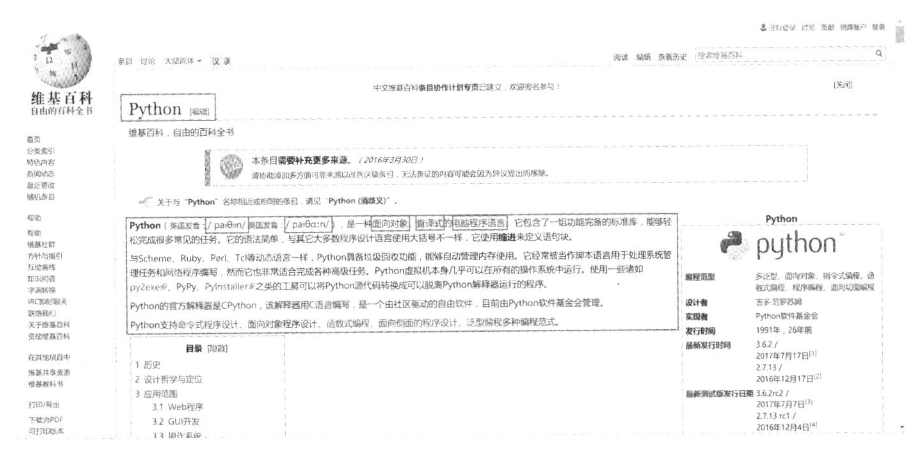

图 11-13　维基百科 Python 词条页面

使用浏览器的F12调试功能，能够直观地找出感兴趣的数据在HTML文档中的位置，并标记出对应标签的属性。程序中使用Beautiful Soup 4以HTML标签的属性查询标签，提取出数据。

词条标题标签见图11-14，词条简介见图11-15，外部链接的标签以及属性见图11-16。

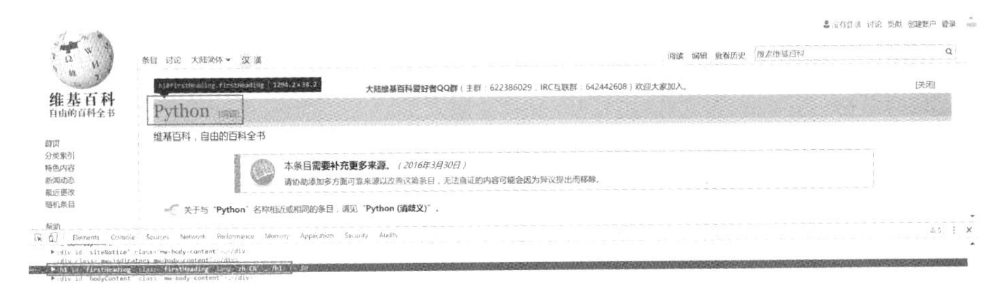

图 11-14　词条标题所在标签

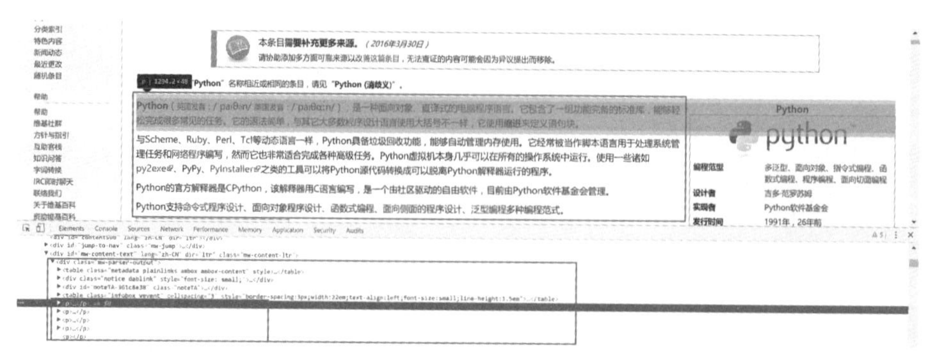

图 11–15 词条简介所在标签

图 11–16 词条链接所在标签

经过对词条页面的结构分析，对所需数据的位置及提取方式进行整理总结，之后编写爬虫，见表 11–6。

表 11–6 Wikipedia 词条、简介和链接对应标签

内容	标签获取	数据提取
标题	h1 标签，属性 id 为“firstHeading”	提取正文
简介	div 标签，属性 class 为“mw-parser-output”下的第一个 p 标签到第一个空的内容为 p 标签	清除掉 p 标签内部的 html 标记，提取纯文本
词条链接	简介中 p 标签下所有 href 带有 /wiki/ 字段的 a 标签	提取属性 href 的值

（二）爬虫程序

先引入爬虫所需要的外部库，requests 库用于网络请求，bs4 即 Beautiful Soup 4 库用于解析 html 页面，re 库用于对 p 标签内容提取纯文本，JSON 数据用于将数据处理为 JSON 格式，方便在 JavaScript 语言中调用数据。引入 queue 队列库。

```
# -*- coding: utf-8 -*
import requests
from bs4 import BeautifulSoup
import json
import re
```

```
import queue
```

词条之间的关系呈树状结构，leaf类为词条类，存储词条的标题与简介，并记录与之关联的词条。

```
class leaf:
    def __init__(self,name,brief,lid,children,url):
        self.name=name
        self.brief=brief
        self.id=lid
        self.children=children
        self.url=url
```

定义一组变量。对所有词条进行管理，遇到出现过的词条，不再对词条页面的外部链接访问，以防出现死循环。全局变量depth设置爬取的深度，爬取的深度设置越大，爬取的页面数量将以指数级增长。

函数addKeyword(word)添加关键词，如果存在，返回其id，不存在这样的关键词，则添加一条。

函数isNew(id)判断是否是新词。

```
keywordDict=[]                          #关键词
nodes=[]                                #节点
links=[]                                #边链接
urllist=queue.Queue()                   #URL存入队列
depth=3                                 #爬取深度为3
leafMax=3                               #叶子数最多3个
baseUrl="https://en.wikipedia.org"      #基本URL
Default_Header={                        #默认的Head信息
'accept':'text/html,application/xhtml+xml,application/xml;q=0.9,image/webp,image/apng,
*/*;q=0.8',
'accept-encoding':'gzip, deflate, br',
'accept-language':'zh-CN,zh;q=0.8',
'cache-control':'max-age=0',
'cookie':'CP=H2; GeoIP=JP:13:Tokyo:35.64:139.77:v4;
WMF-Last-Access=12-Aug-2017; WMF-Last-Access-Global=12-Aug-2017;
TBLkisOn=0',
'user-agent':'Mozilla/5.0 (Windows NT 10.0; Win64; x64) AppleWebKit/537.36 (KHTML,
like Gecko) Chrome/59.0.3071.104 Safari/537.36'
}
_session = requests.session()
#requests.adapters.DEFAULT_RETRIES = 3
_session.headers.update(Default_Header)
"'_session.keep_alive = False'"
```

```
def addKeyword(word):
    if word in keywordDict:
        for i in range(0,len(keywordDict)):
            if word==keywordDict[i]:
                return i
    else:
        keywordDict.append(word)
        return len(keywordDict)-1

def isNew(id):
    if id<len(keywordDict)-1:
        return False
    else:
        return True
```

获取URL中的网页文本内容函数getHTMLText(url)。具有错误捕捉的网络资源访问函数，函数将返回HTML文档的正文部分，抽象为函数方便多次调用。

```
def getHTMLText(url):
    try:
        r = _session.get(url)
        r.raise_for_status()
        r.encoding = "UTF-8"
        return r.text
    except:
        return ""
```

广度优先搜索的爬取函数wideLeaf(html,level,fid)。

```
def wideLeaf(html,level,fid):
    try:
        soup = BeautifulSoup(html, 'lxml')
        name = str(soup.find('h1', attrs={'id': 'firstHeading'}).string)
        lid = addKeyword(name)      #添加标题到关键词中
        print(name + str(len(keywordDict)) + str(isNew(lid)))
        if isNew(lid):
            nodes.append({"name": name, "group": lid})
            contentHtml = soup.find('div', attrs={'class': 'mw-parser-output'})
            #查找获取简介部分
            birefHtml = contentHtml.find_all('p', recursive=False)
            count = 0
            for tag in birefHtml:
                strings = re.findall(r'>.*?<', str(tag))
```

```
                sentence = re.sub(r'[>|<]', '', ''.join(strings))
                # 简介终止
                if sentence == '':
                    break
                #找到简介中的所有链接标签<a>
                for a in tag.find_all('a', href=re.compile('/wiki/')):
                    urllist.put([a.attrs['href'], level + 1, lid])
                    count += 1
                    if count > leafMax: break
        if fid>-1:
            links.append({"source":fid,"target":lid,"value":1})
    except Exception as e:
        print(e)
        return
```

递归的获取词条页面。

```
#0:url 1:level 2:fatherId
def wideWiki(start_url,dep):
    wideLeaf(getHTMLText(start_url),1,-1)
    while(True):
        if urllist.empty():
            break
        leaf=urllist.get()
        print(str(leaf)+str(urllist.qsize()))
        if leaf[1]==dep+1:
            break
        wideLeaf(getHTMLText(baseUrl +leaf[0]),leaf[1],leaf[2])
```

设定main()函数作为爬虫入口，设置初始关键字为“JavaScript”，开始爬虫并将最终爬取数据转换为JSON格式并保存在文件中。

```
def main():
    keyword = 'JavaScript'
    start_url = 'https://en.wikipedia.org/wiki/' + keyword
    wideWiki(start_url,depth)
    with open('wikidata.json','w+',encoding='utf-8') as f:
        f.write("nodes="+json.dumps(nodes,ensure_ascii=False))
        f.write(";\nlinks="+json.dumps(links,ensure_ascii=False))
```

主函数调用main()方法执行爬取操作。

```
if __name__=="__main__":
    main()
    pass
```

以上算法是宽度优先的，爬取的数据存储在JSON格式的文本文件中。深度优先爬虫的缺点是容易陷入一个无关的主题，如果采用深度优先在JavaScript简介中的一个超链接是读音的超链接，一旦陷入这个坑，就回不来了。以上代码爬取过程中的数据见图11-17，生成的JSON文件见图11-18。

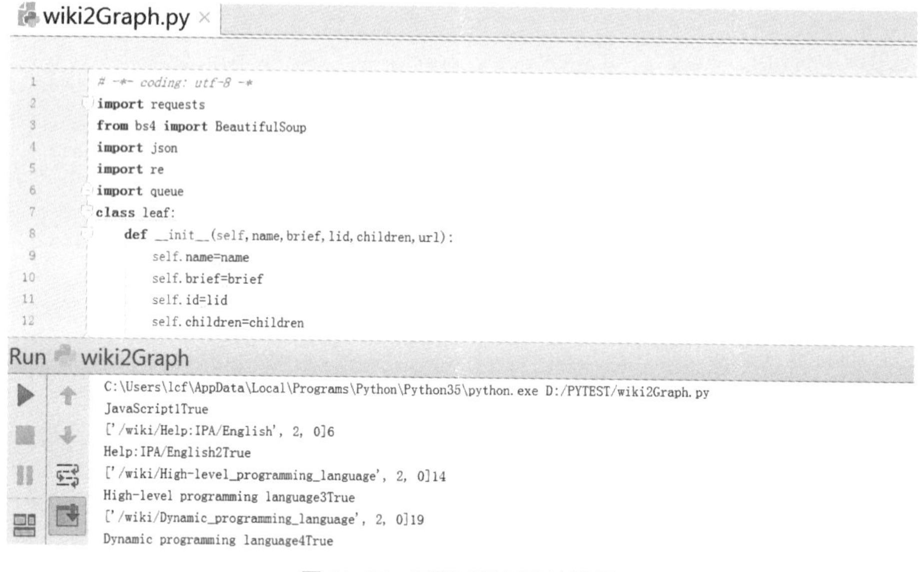

图 11-17 爬取过程抓取的数据

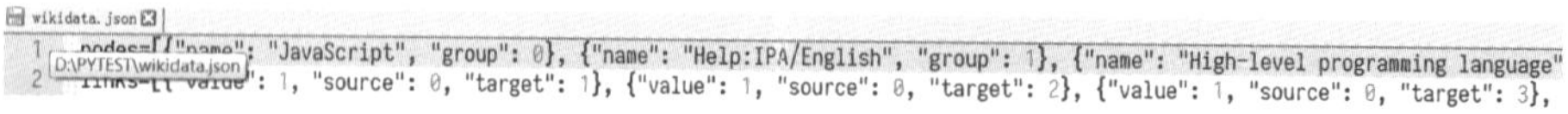

```
wikidata.json
1  nodes=[{"name": "JavaScript", "group": 0}, {"name": "Help:IPA/English", "group": 1}, {"name": "High-level programming language"
2  links=[{"value": 1, "source": 0, "target": 1}, {"value": 1, "source": 0, "target": 2}, {"value": 1, "source": 0, "target": 3},
```

图 11-18 爬取结果存储的 JSON 格式片段

（三）流程分析

对WikiPedia的主题知识图谱构建能比较宏观地展示认识一个概念实体及其周围的概念，形成知识图谱。宽度优先的Wikipedia爬虫流程如图11-19所示。

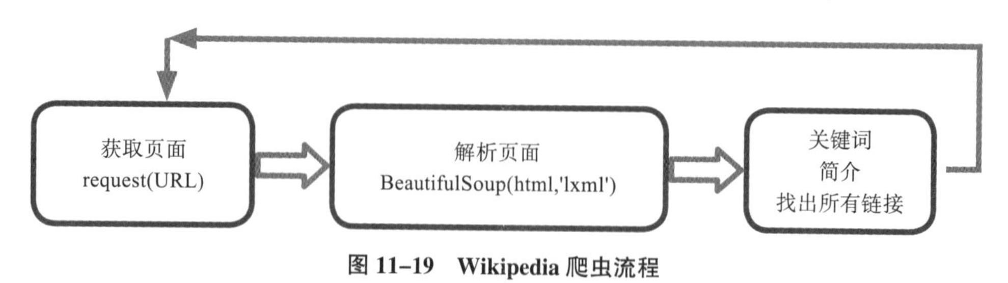

图 11-19 Wikipedia 爬虫流程

（四）知识图谱可视化

爬取的数据以JSON格式存储，采用第七章的力导向布局，具体代码可由basicForce.htm修改而来，本书配套代码为wikiGraph.htm，可视化结果见图11-20。

CH11/wikiGraph.htm

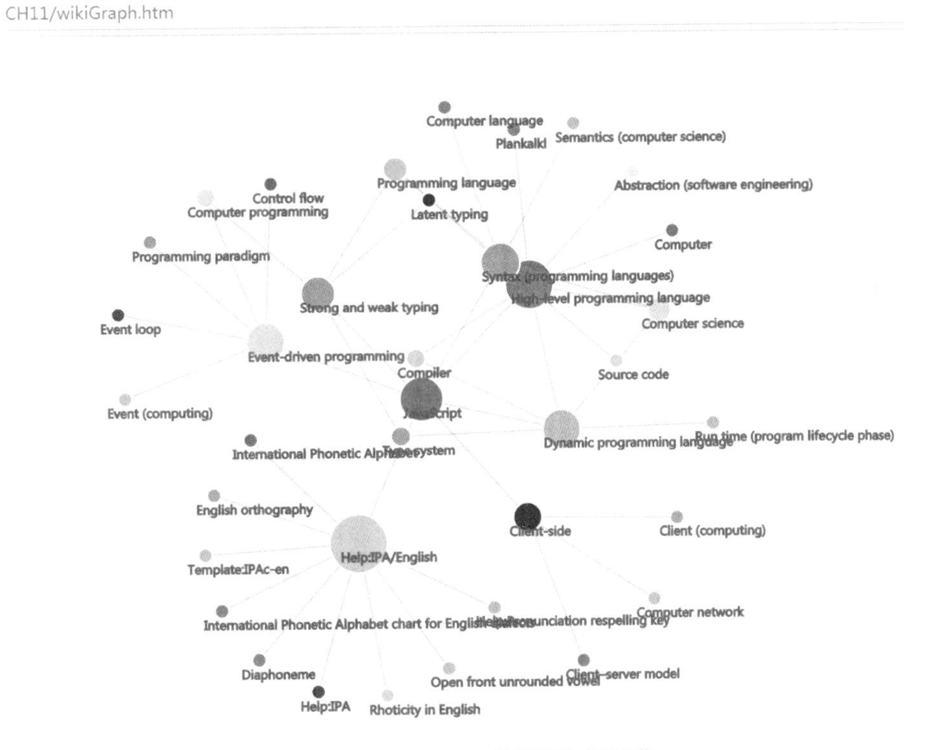

图 11-20　Wikipedia 的词条知识图谱

小结

数据可视化还得关注数据的获取问题，特别是在海量数据的情况下，必须使用程序爬取，而非手动复制粘贴。本章比较系统地讲述了Python爬虫、数据解析、数据存储，并实现了一个爬虫实例。本章是其他章节数据可视化的数据获取部分，可视化的过程不再重复讨论。

CHAPTER 12

第十二章 分词与词云图可视化

本章围绕海量文本数据的可视化分析，阐述了词云图可视化算法发展、D3的词云API，并介绍了Python的Jieba分词库、Echart词云图等，并以一个较完整的案例《人民的名义》小说说明了从文本到词云图的可视化流程。最后讲解了一种三维效果的动态词云API的使用。

第一节　词云图

一、词云图概述

词云图（Word Cloud）是一种富信息文本可视化技术，通过布局算法用文字大小表示词频，辅以多种色彩显示，直观地反映词组重要性差异，展示文本关键摘要信息。近年来，词云图作为极富表现力的可视化载体，广泛应用于网站导航、社会化标签呈现、Web文本分析以及各种文本挖掘和可视化场景。

完整的词云分析包括：分词、词频统计和可视化。这种综合的文本挖掘技术，以极小的代价统揽全文主旨，具有初筛选和归纳性，显著提高了海量文本的使用效率。

词云图起源于标签云。标签云（Tag clouds），早在1997年就作为用户行为统计的网站可视化导航，文字依字典顺序排列，按照标签频数确定字体大小和颜色，导航离散的分类信息，统计易用性使它成为Web2.0时代的显著标志之一。

标签云布局复杂、美观，随着应用延伸，演变发展了另一种独立的文本可视化形式——词云图。词云通过色彩和布局增强标签云的视觉效果，通过Top N关键词揭示文本要点，是一种离散的自动摘要生成和可视化工具。图12-1是标签云和词云的比较，标签云主要用于网站导航，词云用于各种文本可视化，某些情况下它们可以相互指代，如维基百科中“Word Cloud”直接指向了“Tag Cloud”，百度搜索中也反映了这种近义特点。

2008年6月，美国可视化学者Jonathan Feinberg发布了第一款在线词云Wordle，词组布局遵循一定的算法，水平或者垂直排列，形成内部紧凑、轮廓明显的视觉效果[24]。用户在线输入文本、设置字体、布局和配色，Wordle自动统计频数，生成词云，该网站日访问量1.4万。2008年美国总统大选期间，新闻报道采用词云对比民主、共和两党候选人演讲核心词汇，有效宣传了竞选理念。2011年清华大学自然语言处理与社会人文计算实验室上线“围脖关键词”词云，通过关键词自动抽取，分析微博用户言论并以词云展示，一定程度上反映了用户兴趣和经历，该应用深受欢迎，两年内注册用户超过320万；2013年我国“两会”期间，媒体用词云图形象解读“两会”报告，产生了很强的社会反响，见图12-2所示。目前词云应用涉及语言教学、传媒广告、工艺美术、博客和诗歌等文本可视化。

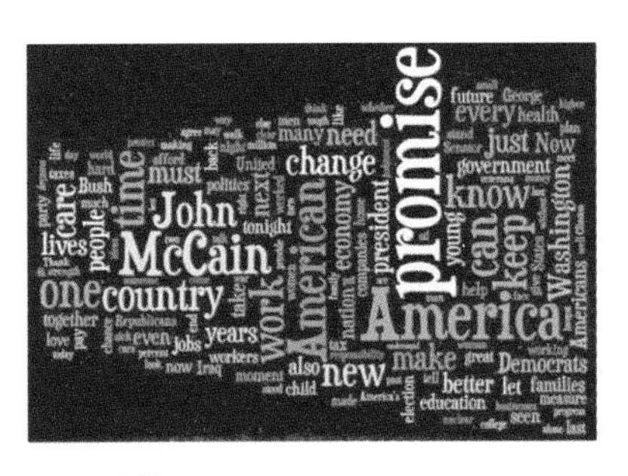

图12-1　标签云与词云图比较

图12-2　词云解读中国《政府工作报告》

标签云在线工具包括 tagCloud、ToCloud、Tagul 和ManyEyes，词云在线工具包括Tagxedo、ImageChief、ABCya、Tagul、WordItOut 和ManyEyes。Tagxedo 用户体验最好，实现了自定义形状、任意角度、字模提取、色彩可配置。ManyEyes是IBM 的可视化库，词云和标签云分别是其中的一个组件，不能适形填充。D3.JS的词云是基于Wordle 算法实现的，能嵌入网页使用。ImageChief 是一个贺卡网站，词云是其中的一个实现，容纳词组量有限。ABCya 是一个幼儿学习网站，词云作为一个互动文字游戏，不支持中文。

二、词云图相关算法

Wordle采用随机贪心背包算法布局词组，词频降序排序，平方根映射为字号，对每个词组在中心附近随机初设位置，如与其他重叠，则以从内到外的螺旋路径继续检测重叠，直到不重叠。其中，递归地将词组边界分成小矩形，较小的文字嵌在较大的文字空隙中实现类似字模提取。由于每个词与已布局逐一比较，算法复杂度为$O(n^2)$，词数超百千数量级后速度明显变慢，为此采用了三个优化：层次边界盒子寻找词组边界；缓存技术先检测最可能重叠的词组；四叉树空间索引减少重叠检测次数。韩国学者在Wordle算法框架下进一步优化，提供了ManiWordle交互词云，类Wordle 算法采用的重叠检测技术如图12-3所示。

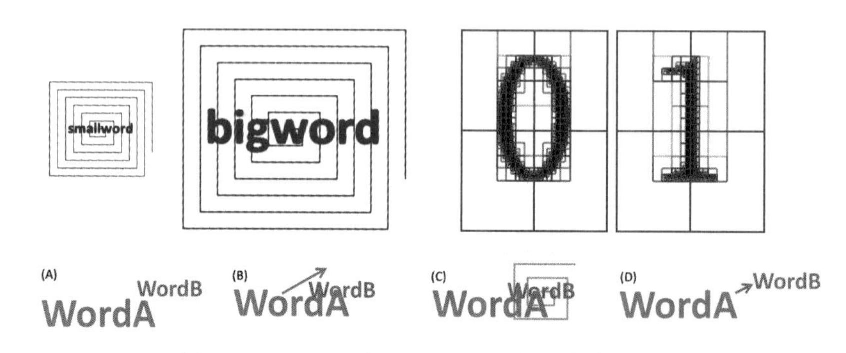

图 12-3　Wordle 和 ManiWordle 的重叠检测技术

三、词云图可视化API

D3.JS提供一套Wordle算法的词云图实现，并被广泛使用。Echart调用D3.JS实现了套用轮廓图型。

本书作者也实现了一套基于占用矩阵的词云图算法，使用Java和JavaScript分别实现了算法，详见第十三章的论述，算法已申请并授权专利。此外Python语言、R语言分别包含第三方库实现了词云图布局算法。

第二节 D3 词云图

D3的词云图是基于Wordle算法的，它单独实现在一个JS文件中，因此要加载另一个词云图的库d3.layout.cloud.js[25]，从这个角度也说明，相较于其他的可视化布局，词云图更为复杂，算法的特征更明显。

一、D3词云图实例

先看一个词云图的简单例子，见程序CH12/wordcloud.htm，程序运行结果见图12-4。D3词云的布局仍是计算文字的位置信息，绘制是由绑定文本数据和在SVG中添加<text>完成的，此例文本的大小是随机数。

程序编号：CH12/wordcloud.htm

```
<html>
  <head>
    <title>D3词云图 </title>
  </head>
  <body>
    <script src="../d3.v3.min.js"></script>
    <script src="../d3.layout.cloud.js"></script>
    <script>
          var fill = d3.scale.category20();
          d3.layout.cloud().size([300, 300])
              .words([
                "Hello", "world", "normally", "you", "want", "more", "words",
                "than", "this"].map(function(d) {
                return {text: d, size: 10 + Math.random() * 90};
              }))
              .padding(5)
              .rotate(function() { return ~~(Math.random() * 2) * 90; })
              .font("Impact")
              .fontSize(function(d) { return d.size; })
              .on("end", draw)
              .start();
          function draw(words) {
            d3.select("body").append("svg")
                .attr("width", 300)
                .attr("height", 300)
              .append("g")
                .attr("transform", "translate(150,150)")
```

```
                .selectAll("text")
                  .data(words)
                .enter().append("text")
                  .style("font-size", function(d) { return d.size + "px"; })
                  .style("font-family", "Impact")
                  .style("fill", function(d, i) { return fill(i); })
                  .attr("text-anchor", "middle")
                  .attr("transform", function(d) {
                    return "translate(" + [d.x, d.y] + ")rotate(" + d.rotate + ")";
                  })
                  .text(function(d) { return d.text; });
          }
      </script>
    </body>
</html>
```

```
<script>
      var fill = d3.scale.category20();
      d3.layout.cloud().size([300, 300])
          .words([
            "Hello", "world", "normally", "you", "want", "more", "words",
            "than", "this"].map(function(d) {
            return {text: d, size: 10 + Math.random() * 90};
          }))
          .padding(5)
          .rotate(function() { return ~~(Math.random() * 2) * 90; })
          .font("Impact")
          .fontSize(function(d) { return d.size; })
          .on("end", draw)
          .start();

      function draw(words) {
        d3.select("body").append("svg")
            .attr("width", 300)
            .attr("height", 300)
          .append("g")
            .attr("transform", "translate(150,150)")
          .selectAll("text")
            .data(words)
          .enter().append("text")
            .style("font-size", function(d) { return d.size + "px"; })
            .style("font-family", "Impact")
            .style("fill", function(d, i) { return fill(i); })
            .attr("text-anchor", "middle")
            .attr("transform", function(d) {
              return "translate(" + [d.x, d.y] + ")rotate(" + d.rotate + ")";
            })
            .text(function(d) { return d.text; });
      }
```

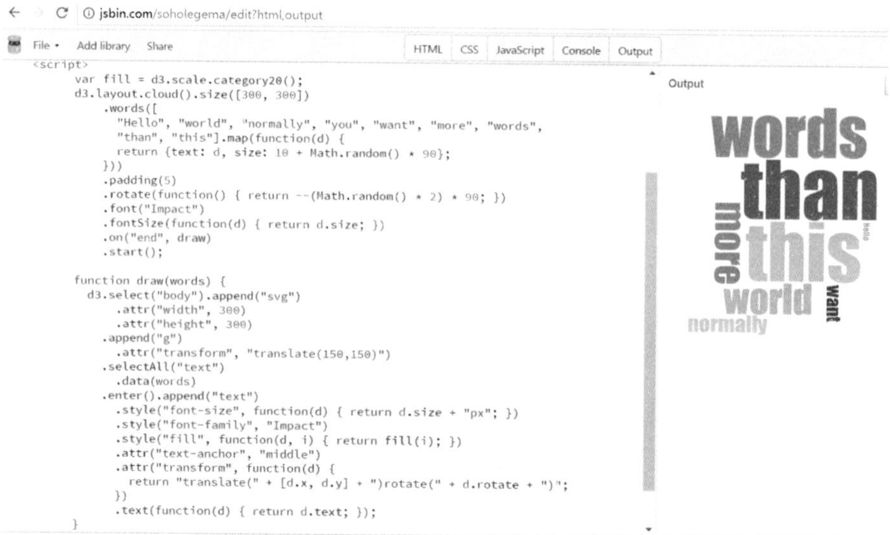

图 12-4　D3 词云图在 JSBin 中的运行结果

二、D3词云图API

在D3词云图的布局代码中，布局内部实现了比较复杂的文字坐标计算。但是API使用比较简单。先使用布局函数创建一个布局，并设置布局的空间尺寸size()，绑定词组和每个词组的大小（词频或者数量值），设置词组间隙大小padding()，设置词组旋转rotate()、字体和字号，开始计算布局，结束后调用绘制函数draw。如下的代码片段即词云布局，关键点是绑定词组words，设置完成后开始布局，布局是一个迭代的过程，布局完成开始绘制已经过布局计算好的词组。词组的格式D3要求是程序中的示例，这是2017年的Top10电影票房数据，数据做了上取整。运行结果见图12–5。

程序编号：CH12/wordcloud+.htm（代码片段）

```
var words=[
{text:"战狼2",size:57},{text:"速度与激情8",size:27},
{text:"羞羞的铁拳",size:22},{text:"功夫瑜伽",size:18},
{text:"西游伏妖篇",size:17},{text:"变形金刚5",size:16},
{text:"摔跤吧！爸爸",size:13},{text:"芳华",size:13},
{text:"寻梦环游记",size:12},{text:"加勒比海盗5",size:12}];
  var wc=d3.layout.cloud()
                  .size([600, 400])
                  .words(words)
                  .padding(5)
                  .rotate(function() { return ~~(Math.random() * 2) * 90; })
                  .font("Impact")
                  .fontSize(function(d) { return d.size; })
                  .on("end", draw)
                  .start();
```

图12–5　2017年Top10电影票房词云图

三、Java JSP调用数据库中数据生成D3词云图

本例通过JSP（Java Server Pages）调用MySQL数据库中的数据，数据为一个英文字典数据，数据库名为engword，数据表名为dictionary，链接数据库的用户名为root，密码为123456，然后统计数据表中单词中首字母相同的单词数，并将单词数作为26个英文字母的大小，用词云图显示。数据库中的数据内容见图12–6。

id	english	pt	chinese	flag
1	abbreviation	[ə;bri:vi'eiʃən]	n.节略，缩写，缩短	0
2	abide	[ə'baid]	vi.遵守 vt.忍受	0
3	abnormal	[æb'no:məl]	a.不正常的；变态的	0
4	abolish	[ə'boliʃ]	vt.废除(法律等)	0
5	absent	['æbsənt]	a.不在意的	0
6	absorption	[əb'so:pʃən]	n.吸收；专注	0
7	abstract	['æbstrækt]	a.理论上的 n.抽象	0
8	abstract	['æbstrækt]	a.抽象的 n.摘要	0
9	absurd	[əb'sə:d]	a.不合理的，荒唐的	0
10	abundance	[ə'bʌndəns]	n.丰富，充裕 （abound)	0

图 12-6　词云图可视化使用的数据库中的数据样例

程序见CH12/english.jsp，运行结果见图12-7。本例假设开发人员熟悉JSP，相关链接MySQL的内容不细讨论。从库里取出数据后，通过拼接字符串，生成了D3词云所需要的数据格式，生成词云图。

程序编号：CH12/english.jsp

```
<html>
    <head>
        <title>基于D3调用数据库中数据的词云图</title>
    </head>
    <body>
    <div id="wc"></div>
    <%@ page contentType="text/html; charset=gb2312" %>
    <%@ page language="java" %>
    <%@ page import="com.mysql.jdbc.Driver" %>
    <%@ page import="java.sql.*" %>
    <%
            String driverName="com.mysql.jdbc.Driver"; //驱动程序名
            String userName="root";                   //数据库用户名
            String userPasswd="123456";               //密码
            String dbName="engword";                  //数据库名
            String tableName="dictionary";            //表名
            //联结字符串
String url=
"jdbc:mysql://localhost/"+dbName+"?user="+userName+"&password="+userPasswd;
            Class.forName("com.mysql.jdbc.Driver").newInstance();
            Connection connection=DriverManager.getConnection(url);
            Statement statement = connection.createStatement();
            String sql="SELECT * FROM "+tableName+" order by english";
            ResultSet rs = statement.executeQuery(sql);
            //获得数据结果集合
            ResultSetMetaData rmeta = rs.getMetaData();
```

```
            //确定数据集的列数，亦字段数
            int numColumns=rmeta.getColumnCount();
            // 输出每一个数据值
            out.print("<center><font color=blue>Matrix Word Cloud English Learning</center>");
            String str1="";
            String str2="";
            int count[]=new int[27];
            int j=0;
            while(rs.next()) {
                str2=str1;
                str1=(rs.getString(2)).substring(0,1);
                if((!str2.equals(str1))&&(!str2.equals(str1.toLowerCase()))&&(!str2.
equals(str1.toUpperCase())))
                {
                  if(j>0)
                    out.print(" "+j+" "+count[j]+"<br><font color=blue>");
                    j++;
                }
                count[j]++;
                out.print(str1+" ");
            }
            out.print(" "+j+" "+count[j]+"<br><font color=blue>");
            out.print("<br>");
%>
    <script src="../d3.v3.min.js"></script>
    <script src="../d3.layout.cloud.js"></script>
    <script>
        var width=1300, height=200;
        function wc_click(e){
            var evt=e||window.event;
            var evtSrc=evt.target||evt.srcElement;
            location.href="word.jsp?w="+evtSrc.textContent;
        }
      var fill = d3.scale.category20();
      d3.layout.cloud().size([width, height])
          .words([
            "A", "B", "C", "D", "E", "F", "G", "H", "I", "J", "K", "L", "M", "N",
"O", "P", "Q", "R", "S", "T", "U", "V", "W", "X", "Y", "Z"]
           .map(function(d) {
            var tmp={
                <%
                for(int i=0;i<26;i++){
                    out.print("\""+(char)('A'+i)+"\" : "+count[i+1]);
```

```
                    if(i!=25){
                        out.print(", ");
                    }
                }
                %>
            };
            return {text: d, size: Math.sqrt(tmp[d])*5.5};
          }))
          .padding(-3)
          .rotate(function() { return ~~(Math.random() * 2) * 90; })
          .font("Impact")
          .fontSize(function(d) { return d.size; })
          .on("end", draw)
          .start();

      function draw(words) {
        d3.select("#wc").append("svg")
            .attr("width", width)
            .attr("height", height)
          .append("g")
            .attr("transform", "translate("+(width/2)+","+(height/2)+")")
          .selectAll("text")
            .data(words)
          .enter().append("text")
            .style("font-size", function(d) { return d.size + "px"; })
            .style("font-family", "Impact")
            .style("fill", function(d, i) { return fill(i); })
            .style("cursor", "pointer")
            .attr("text-anchor", "middle")
            .attr("class", "wc")
            .attr("transform", function(d) {
              return "translate(" + [d.x, d.y] + ")rotate(" + d.rotate + ")";
            })
            .text(function(d) { return d.text; });
        var ele=document.getElementsByClassName("wc");
        for(var e in ele){
            ele[e].onclick=wc_click;
        }
      }
    </script>
    <%
            rs.close();
            statement.close();
```

```
            connection.close();
    %>
    </body>
</html>
```

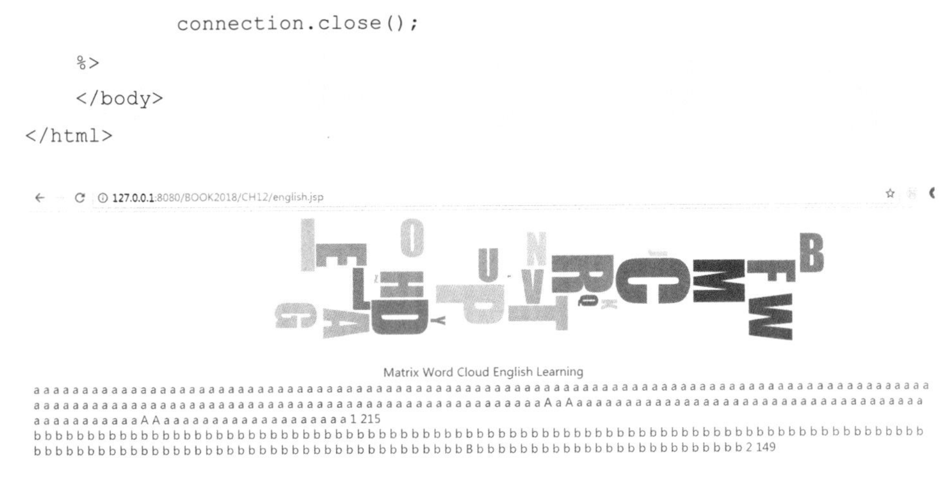

图 12-7　JSP 调用 MySQL 中数据并用词云图可视化

D3的词云图绘制是基于SVG的，因此各个词组仍然是独立的文本<text>元素，可以添加超链接。

第三节　基于 Python 的分词实例

自然语言处理（Natural Language Processing，NLP）包含所有用计算机对自然语言进行的操作，从最简单的通过计数词出现的频率来比较不同的写作风格，到复杂的理解人类语言的语音识别、机器阅读、知识图谱构建、自动问答和自然语言生成，分词是自然语言处理中最基础的环节。Python环境下的jieba分词对已收录词和未收录词都能处理，API简单，代码清晰，具有较好的扩展性。本节对Jieba分词API的介绍，是为词云图可视化提供词组和词频数据。

一、Python分词库jieba简介

（一）分词的意义与难点

中文分词 (Chinese Word Segmentation) 指的是将一个汉字序列切分成一个个单独的词。在英文的书写习惯中，单词之间是以空格作为自然分界符，而汉语的书写习惯是词与词之间没有分隔符，汉语语句中词与词之间的标志是隐含的，需要采用中文分词技术划分词组。

现有的分词算法可分为三大类：基于字符串匹配的分词方法、基于理解的分词方

法和基于统计的分词方法。随着大规模语料库的建立，统计机器学习方法的研究不断发展，基于统计的中文分词方法渐渐成了主流。

虽然英文也同样存在短语的划分问题，但由于中文语言的复杂性，中文分词比英文分词要复杂和困难。以下是使用jieba进行中文分词的关键难点：

1. 分词规范

词的定义不明确。

2. 歧义切分问题，交集型切分问题和多义组合型切分歧义等

例如："结婚的和尚未结婚的"。这条语句可切分为以下两种情况：

结婚 / 的 / 和 / 尚未 / 结婚 / 的

结婚 / 的 / 和尚 / 未 / 结婚 / 的

3. 未登录词

未登录词问题有两种解释：一是已有的词表中没有收录的词，二是已有的训练语料中未曾出现过的词。第二种未登录词又称OOV(Out of Vocabulary)。对于大规模真实文本来说，未登录词对于分词精度的影响远超歧义切分。一些网络新词、专业领域词、自造词一般都属于这些词。

因此可以看到，未登录词是分词中的一个重要问题，jieba分词中对于OOV的解决方法是采用基于汉字成词能力的HMM模型，使用Viterbi算法。

（二）Jieba分词特点

Jieba支持三种分词模式：

第一，精确模式，试图将句子最精确地切开，适合文本分析；

第二，全模式，把句子中所有的可以成词的词语都扫描出来，速度非常快，但是不能解决歧义；

第三，搜索引擎模式，在精确模式的基础上，对长词再次切分，提高召回率，适合用于搜索引擎分词。

此外，Jiaba支持繁体分词、自定义词典并支持MIT授权协议。

（三）安装

1. 全自动安装

在命令行中输入easy_installjieba或者pip install jieba或者pip3 install jieba进行安装，如图12-8所示，安装过程如图12-9所示。

```
C:\Users\Lenovo\AppData\Local\Programs\Python\Python36\Scripts>pip install jieba
```

图12-8　使用pip.exe安装jieba工具包

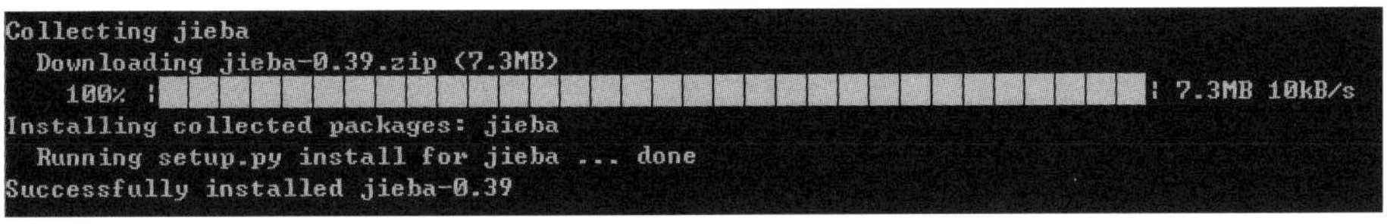

```
Collecting jieba
  Downloading jieba-0.39.zip (7.3MB)
    100% |████████████████████████████████| 7.3MB 10kB/s
Installing collected packages: jieba
  Running setup.py install for jieba ... done
Successfully installed jieba-0.39
```

图 12–9　控制台下 Jieba 安装

2. 半自动安装

进入网站 https://pypi.python.org/pypi/jieba/ 下载 jieba 压缩包，如图 12–10 所示。

图 12–10　Jieba 压缩包下载页面

解压后运行 python setup.py install。

3. 手动安装

将 jieba 目录放置于当前目录或者 site-packages 目录。安装完毕后，可通过 import jieba 调用 jieba 工具包中的方法。

4. 在 Pycharm 中安装 Jieba

在 Pycharm 中安装完 Jieba 的结果见图 12–11。

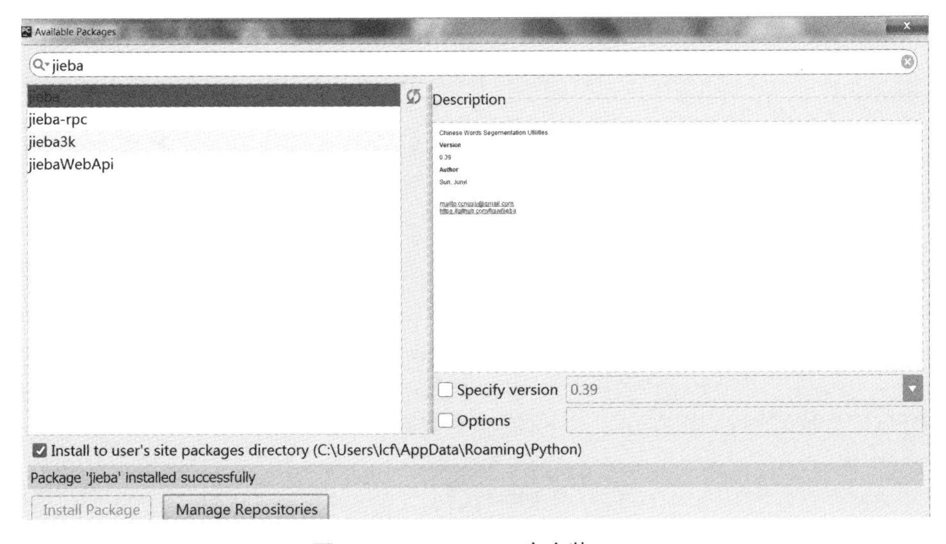

图 12–11　PyCharm 中安装 Jieba

二、分词实例

最常用的分词方法为jieba.cut()，它提供了三种分词模式，即精确模式、全模式和搜索引擎模式。

Jieba.cut()方法包括三个参数：待分词的字符串，cut_all参数控制是否采用全模式，HMM 参数控制是否使用HMM模型。

jieba.cut以及jieba.cut_for_search返回的结构都是一个可迭代的generator，可以使用for循环来获得分词后得到的每一个词语(unicode)，或者用jieba.lcut以及 jieba.lcut_for_search直接返回list。

Jieba.Tokenizer(dictionary=DEFAULT_DICT)新建自定义分词器，可用于同时使用不同词典。jieba.dt为默认分词器，所有全局分词相关函数都是该分词器的映射。

如下是一个JiebaHello.py文件，先来试一下各种分词模式。运行结果见图12-12。

图 12-12　Jieba 三种分词模式的比较

程序编号：JiebaHello.py

```
# encoding=utf-8
import jieba

seg_list = jieba.cut("我来到北京清华大学", cut_all=True)
print("【全模式】: " + "/ ".join(seg_list))      # 全模式

seg_list = jieba.cut("我来到北京清华大学", cut_all=False)
print("【精确模式】: " + "/ ".join(seg_list))     # 精确模式

seg_list = jieba.cut("他来到了网易杭研大厦")         # 默认是精确模式
print("【新词识别】: " + "/ ".join(seg_list))
```

```
seg_list = jieba.cut_for_search("小明硕士毕业于中国科学院计算所，后在日本京都大学深造
   ")  # 搜索引擎模式
print("【搜索引擎模式】: " + "/ ".join(seg_list))
```

三、添加词典

开发者可以指定自定义的词典，以便包含jieba词库里没有的词。虽然jieba有新词识别能力，但是自行添加新词可以保证更高的正确率。

使用jieba.load_userdict(file_name)添加词典，参数为文件类对象或自定义词典的路径，词典格式为一词占一行，包括三部分：词语、词频（可省略）、词性（可省略）。用空格符分割。file_name若为路径或二进制方式打开的文件，则文件必须为 UTF-8 编码；词频省略时使用自动计算，能保证分出该词。添加自定义词典的程序见JiebaDict.py，在程序运行前准备的同目录下的自定义词典文件名为JiebaDict.txt，文件内有一个词条“杭研大厦 100 n”，运行结果见图12-13。

程序编号：CH12/jiebaDict.py

```
准备数据：jiebaDict.txt
杭研大厦 100 n
#ecoding=utf-8
import jieba

jieba.load_userdict("jiebaDict.txt")
words=jieba.cut("他来到了网易杭研大厦")
print("/ ".join(words))
```

```
JiebaDict.py ×
1  #ecoding=utf-8
2  import jieba
3
4  jieba.load_userdict("jiebaDict.txt")
5  words=jieba.cut("他来到了网易杭研大厦")
6  print("/ ".join(words))
7
Run  JiebaDict
C:\Users\lcf\AppData\Local\Programs\Python\Python35\python.exe D:/PYTEST/JiebaDict.py
Building prefix dict from the default dictionary ...
Loading model from cache C:\Users\lcf\AppData\Local\Temp\jieba.cache
他/ 来到/ 了/ 网易/ 杭研大厦
Loading model cost 2.864 seconds.
Prefix dict has been built succesfully.
```

图12-13　Jieba中添加自定义词典

四、词性标注

词性标注是在给定的句子中判定每个词的语法范畴，确定其词性并加以标注。

Jieba.posseg.POSTokenizer(tokenizer=None)对于新建自定义分词器，tokenizer参数可指定内部使用的jieba.Tokenizer分词器。

Jieba.posseg.dt为默认词性标注分词器。标注句子分词后每个词的词性，采用和ICTCLAS兼容的标记法。示例程序见CH12/JiebaToken.py，运行结果见图12-14。

程序编号：CH12/JiebaToken.py

```
import jieba.posseg as pseg
words=pseg.cut("中国国家领导人在开会")
for key in words:
    print(key.word,key.flag)
```

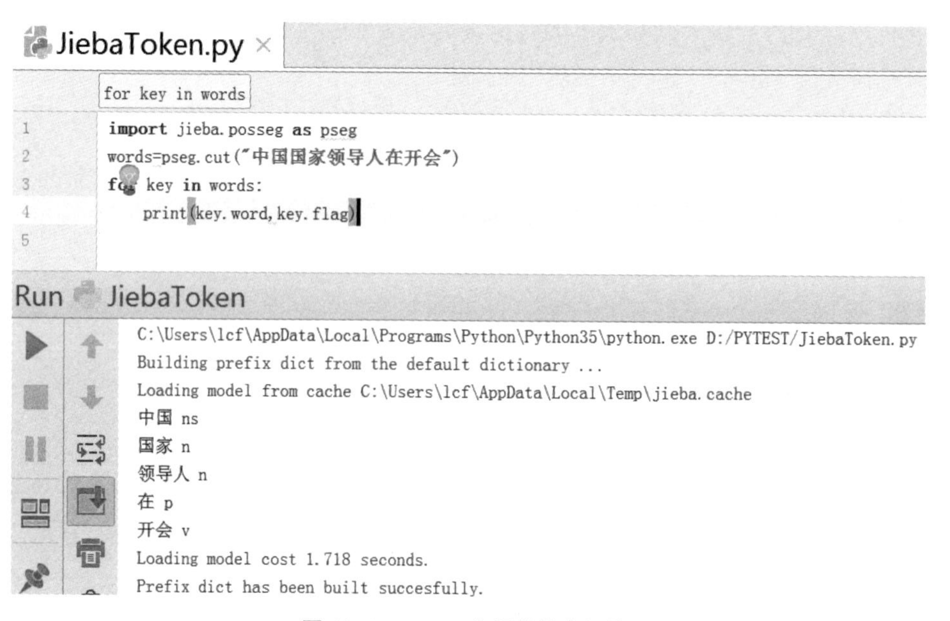

图12-14 Jieba分词并输出词性

Jieba作为一个python实现的开源分词库，中文分词能力和扩展性较好，但过于简单的算法是制约其召回率的原因之一。鉴于Jieba的简单易用，并且本书的主题是数据可视化，因此用Jieba来计算词频已足够。

第四节　影视剧小说词云图案例分析

一、小说生成词云流程

本例中的影视剧小说词云以2017年热播电视剧《人民的名义》的小说为例，词云生成流程分为分词、过滤停用词、统计词频和词云图可视化四步，见图12–15。

图12–15　小说生成词云图处理流程

二、小说分词

本章第三节中对Python的分词库Jieba已经做了具体介绍，小说电子版来自网络，版权归小说《人名的名义》原作者所有，在此只是使用这个文本实现对小说的词频分析和可视化。分词的程序见NovelJieba.py，小说存在文本文件renmin.txt中，添加的自定义词典为小说的角色姓名，存于文件renminDict.txt中。

数据文件如下，待分词的文本可以是unicode或UTF-8字符串、GBK字符串。但是不建议直接输入GBK字符串，可能无法预料地、错误地解码成UTF-8。可以通过Notepad++将文本编码改为UTF-8。

数据片段：renmin.txt

```
侯亮平得知航班无限期延误，急得差点跳起来。他本打算坐最后一班飞机赶往H省，协调指挥抓捕京州市副市长丁义珍的行动，这下子计划全落空了。
```

自定义词典：renminDict.txt

```
侯亮平 1 n
沙瑞金 1 n
李达康 1 n
高育良 1 n
祁同伟 1 n
陆亦可 1 n
高小琴 1 n
吴惠芬 1 n
刘新建 1 n
陈岩石 1 n
季昌明 1 n
```

```
赵瑞龙 1 n
郑西坡 1 n
钟小艾 1 n
赵东来 1 n
蔡成功 1 n
欧阳菁 1 n
丁义珍 1 n
程度 1 n
陈海 1 n
郑胜利 1 n
王文革 1 n
```

程序编号：CH12/NovelJieba.py（代码片段 -1）

```
import jieba

with open('renmin.txt', 'r') as f:
    renmin=f.read()


jieba.load_userdict("renminDict.txt")  #添加词典
seg_list = jieba.cut(renmin, cut_all=False) #分词
print("【精确模式】： " + "/ ".join(seg_list))
tf = {}
for seg in seg_list:
        if seg in tf:        # 如果该键在集合tf的对象中，则该键所属对象值加1
            tf[seg] +=1
        else:                #否则，生成新词的键值对，初始值为1
            tf[seg] = 1
```

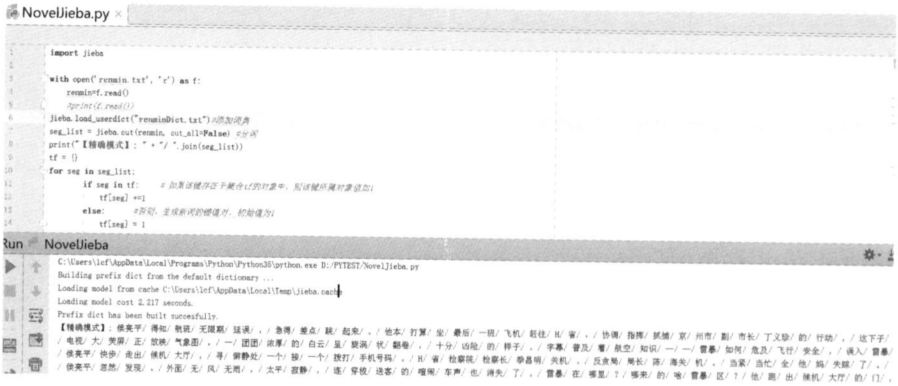

图 12-16 《人民的名义》分词结果

三、停用词过滤

如“你”“我”“一天”之类的词属于常用词，但该词词频无明显意义，故需过滤。并在程序中去掉低频词，例如词频<20的词，去掉单字词和含有“一”的词。

程序编号：CH12/NovelJieba.py（代码片段-2）

```
ci = list(tf.keys())      #将分词结果中的所有键值，即词语，放置在一个列表
with open('stopword.txt', 'r') as ft:
    stopword=ft.read()
for seg in ci:  #逐个判断是否停用词，及对词语长度进行处理
    if tf[seg]<20 or len(seg)<2 or seg in stopword or '一'in seg:
        tf.pop(seg) #若属停用词，则删去该键值对
```

四、词频统计

统计词频并输出到一个文本文件result.txt中。程序片段如下：

程序编号：NovelJieba.py（代码片段-3）

```
#过滤后的词语和词频分别存入列表ci和num中，并将data声明为列表，以存储键值对
ci, num, data = list(tf.keys()), list(tf.values()),[]

for i in range(len(tf)):
    data.append((num[i],ci[i])) #逐个将键值对存入data中
data.sort() #升序排列
data.reverse()  #逆序，得到所需的降序排列

#以下文词云API所需数据格式存入文件
f = open("result.txt", "w")
for i in range(len(data)):
    f.write("[\""+data[i][1]+"\","+str(data[i][0])+"],")    f.close()
```

输出的文件：result.txt(数据片段)

```
["侯亮平",1355],["李达康",780],["高育良",627],["祁同伟",553],
["蔡成功",525],["老师",498],["书记",413],["沙瑞金",353]……
```

五、用Echart 2生成词云

由于D3的词云图不能直接实现套图，因此本例用百度Echarts2生成套图词云，Echart2的词云基于D3的词云图实现[26]。本例使用了一个二次开发的API库js2wordcloud.js，比较简单，只需要加载data和配置参数项。从代码运行发现这个算法填充不连续区域时从左至右开始，而不是随机，所以有可能填不满，填不满时，

适当提高字号。下载地址：https://github.com/liangbizhi/js2wordcloud。网页见代码renminWC.htm，数据data只写出了一部分。生成的词云图见12–17。

程序编号：CH12/renminWC.htm

```
<html>
<head>
    <meta charset="UTF-8">
    <title>人名的名义词频分析</title>
    <script src="http://d3js.org/d3.v3.min.js" charset="utf-8"></script>
    <script src="js2wordcloud.js"></script>
</head>
<body>
    <div id="cloud" style="width:500px;height:500px"></div>
    <script>
        var data=[ [“侯亮平”,1355],[“李达康”,780],[“高育良”,627],[“祁同伟”,553],[“蔡成功”,525],[“老师”,498],[“书记”,413],[“沙瑞金”,353],[“高小琴”,329],[“陈海”,295],[“丁义珍”,294],[“陆亦可”,283],[“同志”,272],[“欧阳菁”,271],[“季昌明”,252],[“局长”,231],[“大风”,191],[“陈岩石”,173],[“刘新建”,164],[“集团”,161],[“这位”,155],[“汇报”,155],[“郑西坡”,154],[“情况”,154],[“山水”,154],[“赵瑞龙”,151]];
        var option = {fontSizeFactor: 0.5,
                      maxFontSize: 25,
                      minFontSize: 6,
                      gridSiz:20,
                      fontWeight:'bold',
                      fontFamily: "华文黑体",
                      backgroundColor:'#F4F4EC',
                      origin:[150,150],
                      //备注显示框
                      tooltip: {show:true,
                         backgroundColor: 'black',
                         formatter: function(item) {
                             if(item[1] > 1355) return '';
                             else  return item[0] + '有' + item[1] + '个'}
                         },
                         list: data,
                         color: 'black',
                         imageShape: '1.png'};
        var wc = new Js2WordCloud(document.getElementById('cloud'));
        wc.setOption(option);
    </script>
</body>
</html>
```

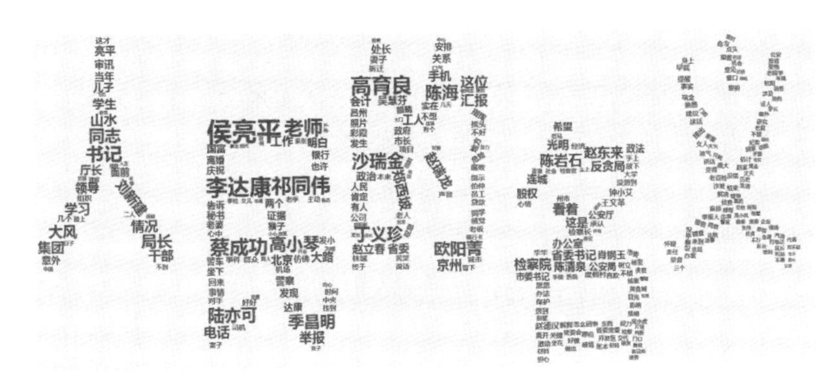

图 12–17　《人民的名义》词云图

关键代码包括：

（一）获取绘制区域

```
var wc = new Js2WordCloud(document.getElementById('cloud'));
```

其中document.getElementById（‘cloud’）是画布的DOM元素，Js2WordCloud以此为参数，将在上面生成一个图像，即使用DOM创建词云。

（二）用option设置样式

作为options对象的属性，可用选项包括：

maxFontSize：最大fontSize，默认60。

minFontSize：最小fontSize，默认12。

fontSizeFactor：当词云值相差太大，可设置此值微调字体行大小，默认0.1。

gridSize：控制词的间距，间距小一些绘制的词云更精致。

fontWeight：字体粗细，例如normal或bold。

origin：词云在画布上的计算源点，格式为[x,y]。

tooltip：提示框样式，show值为true时表示显示提示框，backgroundColor为提示框背景颜色，属性formatter值为提示文本，如 function(item) { return item[0] + ‘有’ + item[1] + ‘个’ }}，参数item代表词云数据的一项，该函数就是返回一个与每一个文本相关的提示字符串。

imageShape：提供一张图片，根据其形状进行词云渲染，默认为null。

shape：词云的形状除去提供图片外，还有内置的形状可供使用，默认是circle，还有心形曲线cardioid、菱形diamond和星形star等形状。

（三）生成词云

必须设置参数才能显示词云，option通过如下代码设置：

```
wc.setOption(option);
```

可以看出Echart2的词云图不仅是基于D3词云图实现的，而且是配置型的，使用简单，对于可视化软件开发方便，但是灵活性偏弱。

第五节 三维动态词云

HTML5中新增的Canvas画布元素及其API编程接口，能够实现各种基本图形的绘制，不仅如此，在Canvas中还可以绘制渐变图形、绘制阴影以及应用图像和文字，使Web页面更加绚丽。三维动态词云是基于HTML5 的Canvas画布，采用三维动画的方式展示词条，与二维词云比，它别具一格，曾经风靡一时。TagCanvas是一个开源JavaScript类，它提供绘制具有三维动画效果的标签云。

一、TagCanvas三维词云

TagCanvas是封装的三维词云，使用比较简单。数据为《人名的名义》中的角色，在JSBin中的运行结果见图12-18，其中要指定使用互联网上的三维标签云库，地址为：http://www.goat1000.com/tagcanvas.min.js。

程序编码：CH12/wordcloud3D.htm

```
<html>
    <head>
        <title>人民的名义</title>
        <script src="tagcanvas.min.js" type="text/javascript"></script>
        <script type="text/javascript">
            window.onload = function() {
                try {
                    TagCanvas.Start('myCanvas','tags',{
                    textColour: '#ff0000',
                    outlineColour: '#ff00ff',
                    reverse: true,
                    depth: 0.8,
                    maxSpeed: 0.05
                    });
                } catch(e) {
document.getElementById('myCanvasContainer').style.display = 'none';
                }
            };
```

```
        </script>
    </head>
    <body>
        <h1>人民的名义</h1>
        <div id="myCanvasContainer">
            <canvas width="800" height="600" id="myCanvas">
                <p>基于HTML5 Canvas的3D标签云</p>
            </canvas>
        </div>
        <div id="tags">
            <ul>
                <li><a href="http://www.ruyi.cool">侯亮平</a></li>
                <li><a href="http://www.ruyi.cool">李达康</a></li>
                <li><a href="http://www.ruyi.cool">高育良</a></li>
                <li><a href="http://www.ruyi.cool">祁同伟</a></li>
                <li><a href="http://www.ruyi.cool">蔡成功</a></li>
                <li><a href="http://www.ruyi.cool">老师</a></li>
                <li><a href="http://www.ruyi.cool">书记</a></li>
                <li><a href="http://www.ruyi.cool">沙瑞金</a></li>
                <li><a href="http://www.ruyi.cool">高小琴</a></li>
                <li><a href="http://www.ruyi.cool">陈海</a></li>
                <li><a href="http://www.ruyi.cool">丁义珍</a></li>
                <li><a href="http://www.ruyi.cool">陆亦可</a></li>
                <li><a href="http://www.ruyi.cool">同志</a></li>
                <li><a href="http://www.ruyi.cool">欧阳菁</a></li>
            </ul>
        </div>
    </body>
</html>
```

图 12–18　TagCloud 三维动态词云

二、下载与安装

TagCanvas脚本可作为独立版本或者jQuery插件使用，如果软件开发已经使用了jQuery，可以选择jQuery插件。

TagCanvas的官网下载地址为：http://www.goat1000.com/tagcanvas.php#links，最新版本下载地址为：http://www.goat1000.com/tagcanvas.min.js?2.9。TagCanvas的官方文档地址为：http://www.goat1000.com/tagcanvas-options.php[27]。

从TagCanvas主页下载JavaScript文件，将其复制到软件页面相应目录。将Javascript文件添加到页面中：

```
<script src="tagcanvas.min.js" type="text/javascript"></script>
```

如果选择使用jQuery插件，则代码如下：

```
<script src="jquery-1.4.2.min.js" type="text/javascript"></script>
<script src="jquery.tagcanvas.min.js" type="text/javascript"></script>
```

注意jQuery文件必须包含在文件中，且引用在TagCanvas插件之前。该插件应该使用jQuery1.3之后的版本。

将一个画布添加到页面中，并设置所需的宽度和高度：

```
<div  id ="myCanvasContainer" >
    <canvas  width = "300"  height ="300"  id ="myCanvas">
        <ul>
            <li><a href="/fish">侯亮平</a></li>
            <li><a href="/fish">沙瑞金</a></li>
            <li><a href="/fish">李达康</a></li>
        </ul>
    </canvas>
</div >
```

画布的width和height属性以像素为单位，与<img>元素相同。不要使用CSS来更改画布的大小，否则会扭曲其形状并使鼠标位置计算有误。

词云的数据内容不一定要使用<ul>和<li>，Tagcanvas会找到画布中的任何链接。将数据所在的标签，它所在的容器的ID传递给TagCanvas。

加载页面时，使用canvas(id)元素初始化TagCanvas类：

```
<script type="text/javascript">
   window.onload = function() {
       try {
           TagCanvas.Start('myCanvas');
       } catch(e) {
           document.getElementById('myCanvasContainer').style.display = 'none';
```

```
        }
    };
</script>
```

如果标签链接不在画布中，则将包含标记的元素作为额外的参数传递给Start函数：

```
TagCanvas.Start('myCanvas','tagList');
```

标签云成功启动，Start()函数返回true，否则返回false。出现问题时，可以用其他内容替代画布。

三、三维标签云应用实例

标签云内部的元素可以是任何的DOM的实体类型，比如图片。示例是用一个数据库中的数据，加载的图片效果见图12–19，这是一个影视搜的导航界面，在线访问地址为：http://cuc.yingshinet.com/ruyisou。

图 12–19　三维标签云的演员图

小结

本章围绕词云图可视化，讲述了词云图原理、D3词云图API的使用、Python的Jieba分词使用以及Echart2词云图使用，以一个完整的实例论述了从批量小说文本到词云图的制作过程。最后讲述了三维词云图API的配置和使用。

13 CHAPTER

第十三章 基于占用矩阵的词云算法

分词提取高频词，字号表示词频可视化文本概要的词云图，以初筛选和归纳性显著提高海量非结构数据使用效率。重叠检测是词云可视化难点，现有算法词组两两比较去重叠，时间复杂度$O(n^2)$，速度慢。本章提出占用矩阵、边线检测、随机位置、旋转画布和坐标变换，将逐一比较转化为一次计算，复杂度降为$O(n)$，解决任意角度重叠，实现可适形、横向、纵横交错、任意角度、字模提取、近大远小、带分类标签支持多重语义具有随机性的组合布局词云。本章的理论意义在于用占用矩阵和边线检测简便解决了二维平面布局中去除重叠的问题，为词云、词图混合云、图片云提供去重叠的关键技术。

第一节　算法设计概述

一、算法概述

这是一种基于占用矩阵的词云图（M^2Word）可视化方法，对词频降序排序，根据可视区域开设一个以像素为单位的大矩阵，其元素置为0，最大词频词组中心与可视区中央坐标重合，占用的可视区子矩阵（或与字模重叠区）置为1，表示已占用；后续词组以极坐标布局在可视区，采用边线检测是否与已布局词组重叠，重叠则随机生成新坐标，再次检测是否重叠，迭代至不重叠；检测是否可以旋转，即旋转后不超出可视区，也不与已有词组重叠，能旋转的则按一定概率选择是否垂直旋转90度，不能旋转或未选中的保持原来状态；再次检测是否可以向中心靠近，逐步靠近中心检测重叠后停止，采用垂直水平双向快速移动，再采用垂直或水平单方向慢速移动，并将所占用的可视区（或与字模重叠区）子矩阵置为1，表示已占用。在此基础上又设计了任意角度旋转词云，通过随机生成词组基线坐标和随机旋转角度，旋转后检测四角是否超出可视区，超出则重新生成坐标和角度，检测四边是否与已布局词组重叠，重叠则重新生成坐标和角度，是否可以向第一个词组中心移动，不重叠则移动，旋转画布后打印词组，再将画布恢复，将旋转后词组占用的可视区（或与字模重叠区）置1。调整占用子矩阵的边界参数控制行距。算法能够快速实现词组无重叠、纵横交错、任意角度、近大远小、字模提取、适形填充等组合布局，色彩、角度或字体标注分类信息，宏观清晰地分析文本重点，直观比较词组内涵的数据差异，提高数据的可理解性。

二、算法步骤

一种词云图可视化方法，包括如下步骤[28]：

（1）对于已排序的词组和词频，计算可视区域面积，对词频做规格化处理，词频表示字号，使所有词组、词频和词组字数表示的总面积小于可视区域面积。

（2）设置一个以可视区域像素的宽 W 和高 H 大小的矩阵 M，称为占用矩阵，M=[H*W]，将其所有元素置为0，表示未被占用。

（3）将最大词频的词组布局在可视区中间，其所占用的 M 矩阵中的子矩阵元素（或仅字模像素区）置为1，表示该区域已占用。

（4）为下一个词组按照极坐标分配布局位置，如果词组不在可视区内先移动到可视区，通过矩形边线检测是否该区域被占用，即不重叠，如果重叠则为该词组随机分配布局位置，继续检测是否重叠，不重则停止。

（5）检测是否可以旋转。将该词组垂直90度旋转后，检测是否与已布局词组重叠，不重叠则可以旋转，随机选择部分旋转，不能旋转或未选中保持原位置。

（6）检测是否可以向中心靠近，在垂直和水平方向同时向可视区域中心移动一定步长，不重叠则继续移动，重叠后停止，撤回最后一次移动；逐像素检测垂直和水平单方向是否能靠近中心，能则移动直到重叠为止。

（7）在可视区域打印该词组，并将其所占用的矩形区域的子矩阵（或仅字模像素区）置为1，表示已占用，转步骤（4），所有词组布局完成后结束。调整占用子矩阵的边界参数控制行间距。

（8）（此步为可选项）对于词组内部造成的空隙，采用字模提取技术，字模像素与占用矩形区像素重叠才将占用矩阵对应元素置为1。

（9）（此步为可选项）词组字数差异造成内部缝隙时，布局一定比例的词组后，采用极坐标系检测占用矩阵内剩余空白圆形区并存储其位置、半径和与中心的距离，按照与中心距离升序排序。对后续的词组布局时，从距离中心最近的空白区开始尝试，再检测是否重叠和是否可以旋转，如果所有空白区都重叠，则随机生成该词组坐标。

(10) 如用已知的二值图形初始化占用矩阵 M，可以填充生成任意图形的词云图。

(11)（此步为独立算法）在以上步骤基础上设计了任意角度旋转词云图。随机生成词组左下角基线坐标和随机旋转角度 α，检测词组旋转后四角坐标是否超出可视区，超出可视区再次随机生成基线坐标和旋转角度，检测旋转后四边是否与已布局词组重叠，重叠则重新生成基线坐标和旋转角度，如果不是第一个词组，则检测是否可以向第一个词组中心移动，不重叠则移动，同样采用纵横双向快速移动和纵横单向逐像素移动，重叠后停止。按照旋转角度 α 旋转画布，打印词组后旋转画布 – α 角度。

（12）如果预先对词组添加分类标签，可以用色彩、字体和旋转角度标注不同分类的词组，生成多重语义词云图。

（13）（此步为可选项）用渐变色填充字体，可实现具有时序倾向变化的词云图。

（14）（此步为独立算法）一种基于迭代计算占用矩形的词云布局算法，通过将第一个词组布局在可视区中央，迭代计算其左上、左下、右下和右上剩余的矩形区域坐标及面积，按面积排序，对后续词组布局时，从面积最小的区域开始尝试，布局后计算新增加的2个矩形区域，将其中1个存储在所占用的矩形存储单元，只需新增1个存储单元，再次按照面积排序，迭代布局后续词组。

所述第（2）步中采用与可视区域同尺寸的二值矩阵表示已被占用区域，以解决词云图的关键难点之一，即去除叠。调整占用矩阵的边界参数控制行间距。词组布局完成后将其占用的子矩阵像素置为1表示已占用。

所述第（4）步中采用矩形边线检测是否与已布局词组重叠，检测代价最小。

所述第（5）步中检测是否可以旋转，由于直接旋转的是画布，而不是词组，需要以词组为中心旋转，并计算旋转后拟占用矩形区域是否与已布局词组重叠。

所述第（6）步中为产生近大远小的视觉效果，将高频词组尽可能布局在中央，将词组按照快速垂直水平同时在不重叠情况下向中心靠近，再逐像素垂直、水平单方向在不重叠情况下向中心靠近。

所述第（8）步中字模提取，词组布局完成后将其占用的子矩阵和字模重叠像素区置为1表示已占用，实现词组内部空隙的利用。

所述第（9）步中，用字号较小的词组填充由于随机算法和词组字数不同造成的空隙。

所述第（2）和第（10）步中，设计上能实现填充任意形状的词云图。

第（11）步中，通过极坐标和直角坐标换算，以及旋转前坐标系和旋转后坐标系换算实现任意角度旋转的词云图，通过参数设置，水平、纵横交错是任意角度布局的特例。

第（11）和第（12）步中，用色彩、字体和角度作为分类标签，实现多重语义词云。

所述第（14）步中，通过迭代计算占用矩形，实现了最小代价无重叠快速确定性词云布局，其缺点是布局结束区局部不够美观，不能适形填充和字缝内填充。

三、数据说明

表13-1是2013年中国大学前100名的数据，数据规格化后表示为文本，第一行为固定的wordcloud 100，其中100代表词组总数，每行数据如下：从“1”开始的标号，词组名称和规格化后的词频，分类标签。如第一行“1 北京大学 60 1”，空格分隔，分类标签“1”表示“第一批985高校”，“2”为“第二批985高校”，“3”为其他“211高校”。

表13-1 中国大学2013年排名得分规格化后数据

序号	词组	字号	分类	序号	词组	字号	分类
1	北京大学	60	1	51	南京理工大学	11	3
2	清华大学	58	1	52	西南交通大学	11	3
3	复旦大学	36	1	53	北京交通大学	11	3
4	浙江大学	36	1	54	苏州大学	11	3
5	上海交通大学	32	1	55	中国石油大学	11	3
6	南京大学	31	1	56	云南大学	10	3
7	中山大学	26	1	57	西安电子科技大学	10	3
8	吉林大学	26	1	58	北京化工大学	10	3
9	武汉大学	26	1	59	南京农业大学	10	3
10	中国科学技术大学	25	1	60	西北农林科技大学	10	3
11	华中科技大学	24	1	61	南京师范大学	10	2
12	中国人民大学	22	1	62	上海大学	10	3
13	四川大学	22	1	63	郑州大学	10	3
14	南开大学	22	1	64	河海大学	10	3
15	山东大学	22	1	65	合肥工业大学	10	3
16	北京师范大学	20	1	66	北京邮电大学	10	3
17	哈尔滨工业大学	20	1	67	哈尔滨工程大学	10	3
18	西安交通大学	20	1	68	湖南师范大学	10	3
19	中南大学	20	1	69	暨南大学	10	3
20	厦门大学	20	1	70	福州大学	9	3
21	东南大学	18	1	71	南昌大学	9	3
22	同济大学	18	1	72	北京林业大学	9	3

续表

序号	词　组	字号	分类	序号	词　组	字号	分类
23	天津大学	17	1	73	北京工业大学	9	3
24	北京航空航天大学	17	1	74	华南师范大学	9	3
25	大连理工大学	16	1	75	陕西师范大学	9	3
26	华东师范大学	16	2	76	江南大学	9	3
27	华南理工大学	16	1	77	华南农业大学	9	3
28	中国农业大学	15	2	78	首都医科大学	9	3
29	湖南大学	14	1	79	中国政法大学	9	3
30	兰州大学	14	1	80	新疆大学	9	3
31	重庆大学	13	1	81	广西大学	8	3
32	西北工业大学	13	1	82	内蒙古大学	8	3
33	东北大学	13	1	83	上海财经大学	8	3
34	北京理工大学	13	1	84	华北电力大学	8	3
35	华东理工大学	13	3	85	中央民族大学	8	3
36	北京协和医学院	13	3	86	南京医科大学	8	2
37	东北师范大学	13	3	87	山西大学	8	3
38	北京科技大学	13	3	88	太原理工大学	8	3
39	中国地质大学	12	3	89	河南大学	8	3
40	武汉理工大学	12	3	90	中南财经政法大学	8	3
41	华中师范大学	12	3	91	南方医科大学	8	3
42	西北大学	12	3	92	安徽大学	8	3
43	中国矿业大学	12	3	93	湘潭大学	8	3
44	华中农业大学	12	3	94	贵州大学	8	3
45	电子科技大学	12	1	95	哈尔滨医科大学	8	3
46	长安大学	11	3	96	南京工业大学	8	3
47	东华大学	11	3	97	燕山大学	8	3
48	西南大学	11	3	98	浙江工业大学	8	3
49	中国海洋大学	11	1	99	辽宁大学	8	3
50	南京航空航天大学	11	1	100	东北林业大学	8	3

第二节　基于占用矩阵的词云图可视化系列算法

一、纵横交错布局

纵横交错布局词云图算法的流程如图13-1所示。

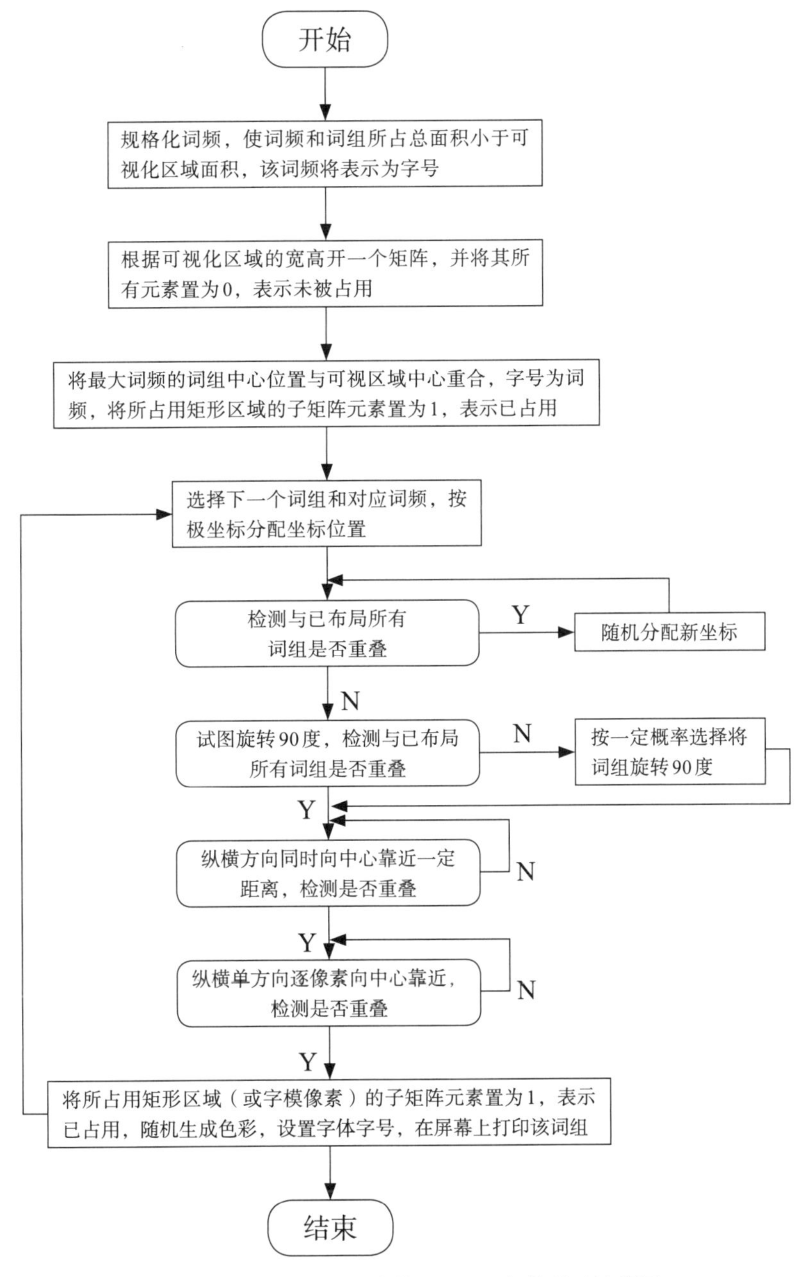

图13-1　基于占用矩阵的词云图可视化算法流程图

如图13-1所示，算法为解决词云图无重叠提出了占用矩阵和边线检测技术，为实现纵横交错采用旋转画布和无重叠检测，为实现近大远小并保证运行速度提出了两阶段靠中心移动技术，采用图像初始化占用矩阵实现了适应图形填充，为解决词组内空隙采用字模提取技术，为解决随机算法造成的空隙采用空隙发现和居中优先填充技术，用色彩、字体或角度表示分类信息，增加了分类语义。输入为具有一定格式的文本统计数据，输出为可适应形状、无重叠、纵横交错、字模提取、近大远小、带分类标签且具有一定随机性、相似又不同的各种组合布局词云图。

为验证本方法的正确性和有效性，本章实例以表13-1的数据为实验载体。

（1）确保规格化后的词频为整数，方便表示为字号，同时需要保证所有可视化后词组总面积小于可视区域面积。

词频采用如下的极差规格化，线性变换。

$$wordsize_i = (wordsize_{max} - wordsize_{min})\frac{F_i - \min(F_k)}{\max(F_k) - \min(F_k)} + wordsize_{min} \quad (13.1)$$

其中，$wordsize_i$是第i个词组的词频规格化后表示的字号大小，$wordsize_{max}$为可以设置的最大词频词组的字号，$wordsize_{min}$为可以设置的最小词频词组的字号，F_i为第i个词组的词频，$\max(F_k)$为所有词频的最大值，$\min(F_k)$为所有词频的最小值。

用如下不等式检测可视化后词组总面积是否小于可视区面积，如果不成立，适当调整$wordsize_{min}$和$wordsize_{max}$，使词组总面积为可视区面积的50%–80%，词云图画面饱满且算法收敛快。如果词组总面积大于可视区面积，或有长度超过可视区宽度和高度的词组，会导致算法不收敛，可视化失败。如果算法不收敛，可以通过减小字号解决。

$$\sum_{i=1}^{n} wordsize_i^2 charsize_i < WH \quad (13.2)$$

其中$charsize_i$为中文词组所含的单字个数，英文单词为所含的字母个数，W为可视区宽度，H为可视区高度。

（2）以Java语言实现了所述词云图可视化，以全屏幕作为可视区为例，通过Java基础类库获得所用计算机屏幕宽度W和高度H，开设占用矩阵$M[H][W]$。

（3）计算屏幕中心位置坐标为：

$$center = (center\_x, center\_y) \quad (13.3)$$

其中$center_x = W/2$，$center\_y = H/2$。

将最大词频词组布局在中央，由于在Java中字符的基线是左下角坐标位置，因此第一个词组的坐标为：

$$word\_x_0 = center\_x - wordsize_0 charsize_0/2 \quad (13.4)$$

$$word\_y_0 = center\_y + wordsize_0/2 - (\text{int})(wordsize_0 * 0.3) \quad (13.5)$$

采用g.setFont(new Font("Microsoft YaHei", Font.*BOLD*, *wordsize0*))设置字体和字号，后采用g.drawString(*word0*,*word_x*0,*word_y*0)显示该词组，由于在默认情况下有行距，减去*wordsize0**0.3调整行距造成的字符位置偏差。

可视区域中心，最高频词组"北京大学"的基线坐标计算和占用矩阵M的子矩阵的四角坐标计算如图13-2所示。将词组对应的占用矩阵M的子矩阵（或字模像素）各元素置为1，表示已占用。

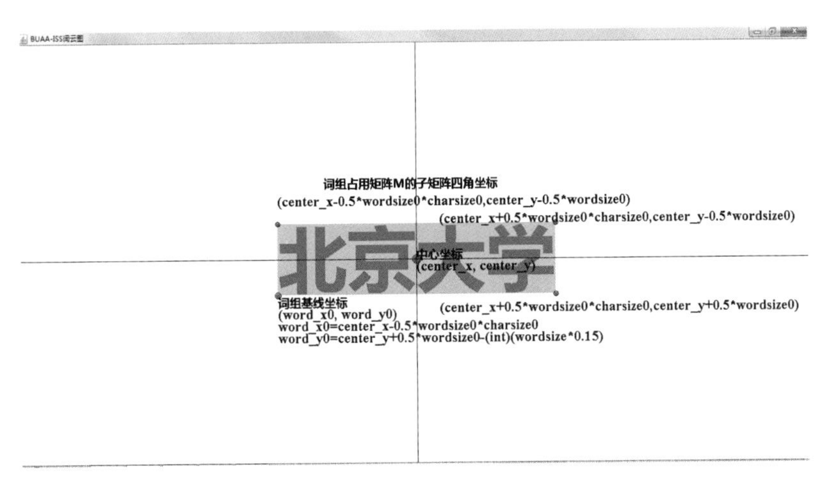

图13-2　M²Word算法最高词频词组居中布局

（4）对下一个词组，通过以下极坐标产生布局位置：

$$word\_x = center\_x + r\cos(\pi i / 8) \quad (13.6)$$

$$word\_y_i = center\_y + r\sin(\pi i / 8) \quad (13.7)$$

检测其占用矩形区域的边线是否与已布局的词组重叠，实际是检测边线坐标对应的占用矩阵的元素是否均为0，该词组边线检测的坐标如图13-3所示，只要有一个像素点被占用则认为重叠，重新随机生成该词组的坐标，继续检测直到不重叠为止。如图13-3所示，词组"清华大学"的红色边线检测到了与"北京大学"的多个像素重叠，则再次随机生成"清华大学"的基线坐标，直到不重叠为止。

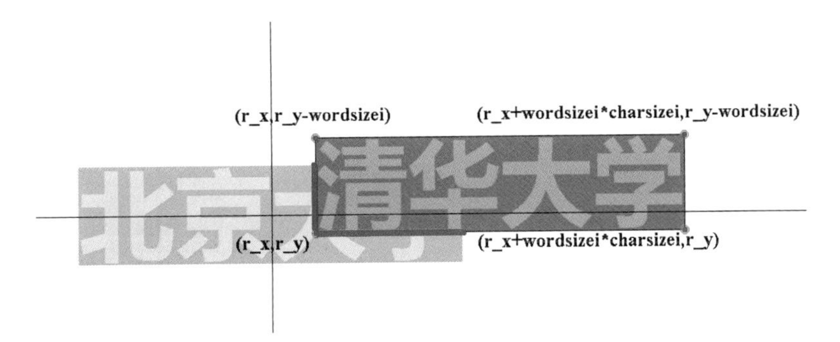

图13-3　M²Word算法词组在占用矩阵的子矩阵四角坐标计算和边线重叠检测图示

（5）检测该词组是否可以旋转，即旋转后所占用的区域不与已布局词组重叠，同样采用边线检测。在Java中旋转是基于画布的，因此在旋转过程中，需以词组的中心为基准旋转，其中心坐标为：

$$center\_x_i = r\_x + 0.5wordsize_i charsize_i \tag{13.8}$$

$$center\_y_i = r\_y - 0.5wordsize_i \tag{13.9}$$

以词组的中心旋转画布90度后，该词组在旋转前画布上占用的子矩阵坐标如图13–4所示，检测该矩形区域边线元素坐标在占用矩阵上是否全为“0”，是则可以旋转，产生一个随机数决定是否真正旋转该词组，不能旋转或者可旋转但未选中的保持原来坐标不变。需要旋转的更新其基线坐标为图13–4中点1的坐标，其占用矩阵的子矩阵坐标参照图13–4中点1,2,3,4形成的矩形区域计算。

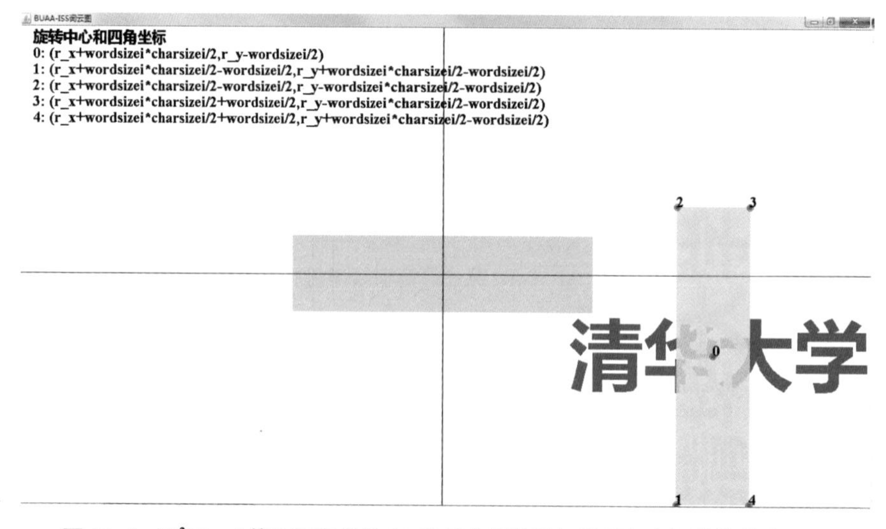

图13–4 M²Word算法词组旋转90度后占用的子矩阵四角坐标计算公式图示

（6）检测该词组是否可以靠近可视区中心。根据可视区中心的宽高比，设置横向和纵向移动步长，如本例可视区域为1366:768，宽高比设置为2:1，横向步长为8，纵向步长为4，使得在水平方向上移动更快，横向纵向同时移动重叠后，后退最后一次移动步长，再次在纵向或横向单方向逐像素移动，重叠后停止，更新该词组的基线坐标。

（7）在可视区打印该词组，先根据词频设置字号，选择字体，具体用g.setFont(new Font(“Microsoft YaHei”, Font.*BOLD*, $wordsize_i$))函数设置字体和字号。如果该词不需旋转，参照图13–4计算的词组基线坐标，用g.drawString($word_i$,$word\_x_i$,$word\_y_i$)函数打印词组，计算其所占用的矩形区域的子矩阵边界坐标，将子矩阵（或字模像素）所有元素置为1，表示已占用；如果该词需要旋转，以该词的中心先将画布旋转–90度，具体用g2d.rotate(-Math.PI/2, $word\_x_i$+$wordsize_i$*$charsize_i$, $word\_y_i$-$wordsize_i$)函数旋转画布，打印该词组，再以该词的中心将画布旋转90度恢复原来状态，参照图13-4中计算旋转后的词组在未旋转的画布上对应的占用矩阵的子矩阵（或字模像素）元素置为1，表示已占用，转步骤（4）为下一词组布局，所有词组布局完成后结束。

以纵横交错布局为例，占用矩阵的使用情况如图13-5所示。M^2Word算法生成的横向布局词云图如图13-6所示，纵横交错布局见图13-7，纵横交错居中布局如图13-8所示。

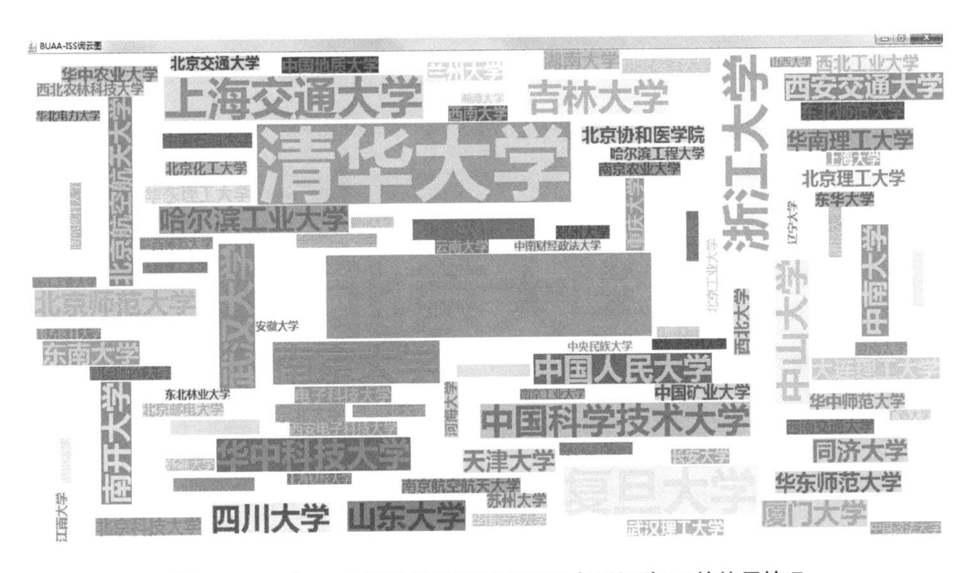

图 13-5　M^2Word 算法纵横交错布局后占用矩阵 M 的使用情况

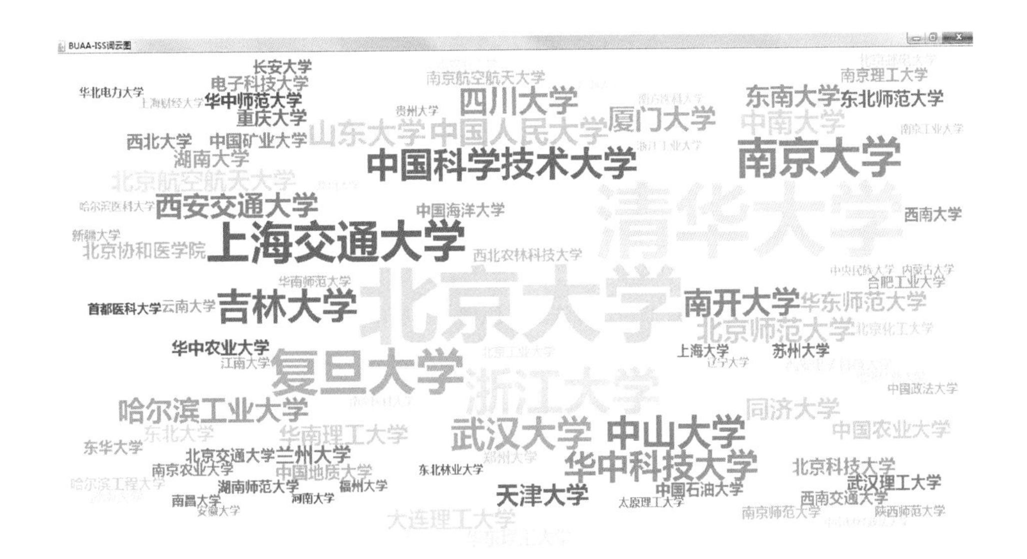

图 13-6　M^2Word 算法生成无重叠横向布局词云图

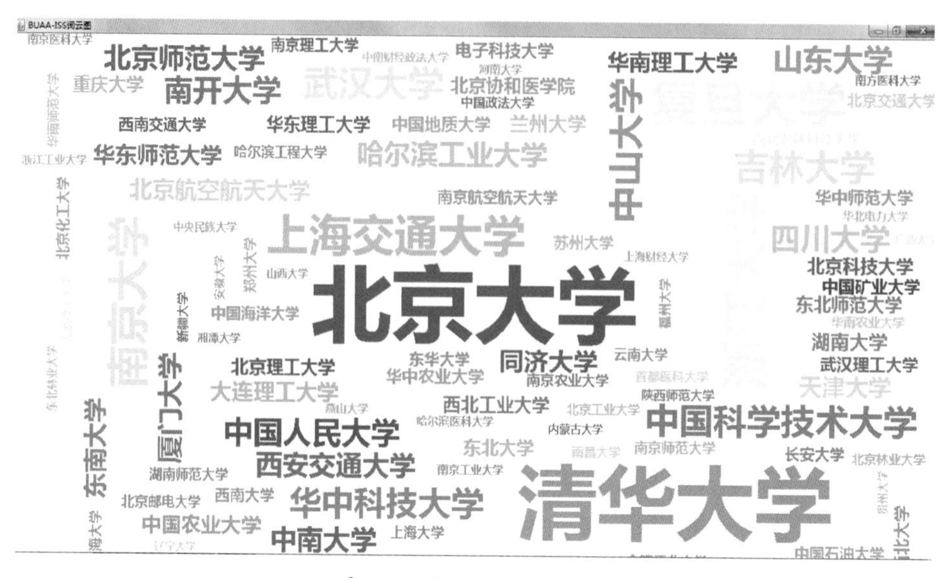

图 13-7　M²Word 算法生成纵横交错布局词云图

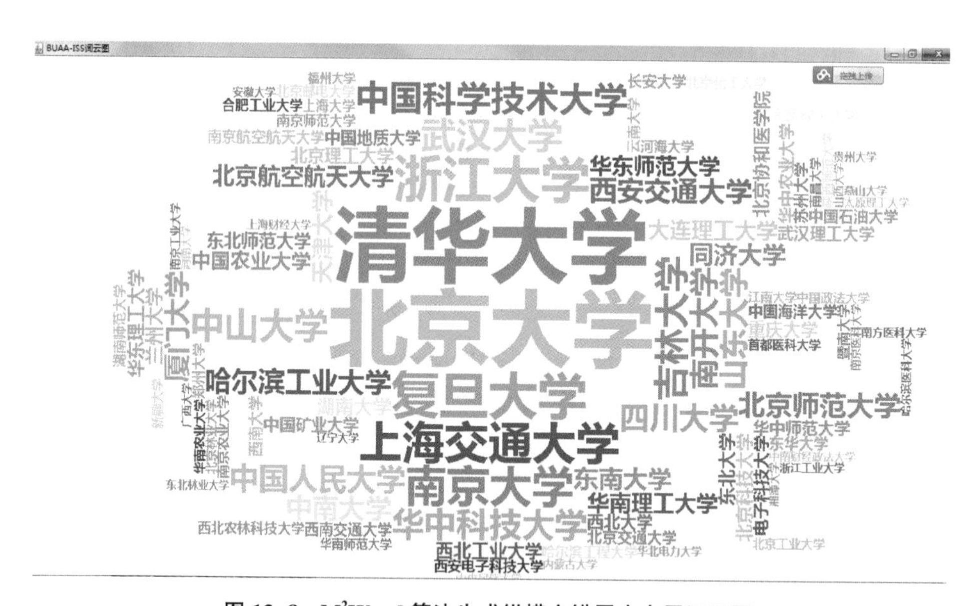

图 13-8　M²Word 算法生成纵横交错居中布局词云图

二、字模提取布局

对于词组内部造成的空隙，可采用字模提取技术，具体在Java中采用基础类库提供的字模提取API，字模像素与占用矩形区像素重叠，则将占用矩阵对应元素置为1。字模提取的结果示例如图13-9所示，字模提取后占用矩阵使用情况如图13-10所示。

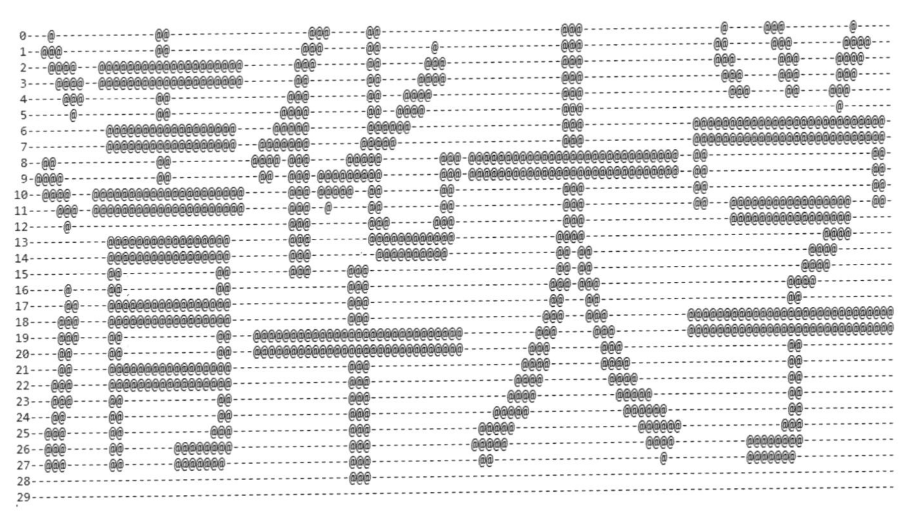

图 13-9　M²Word 算法字模提取图示

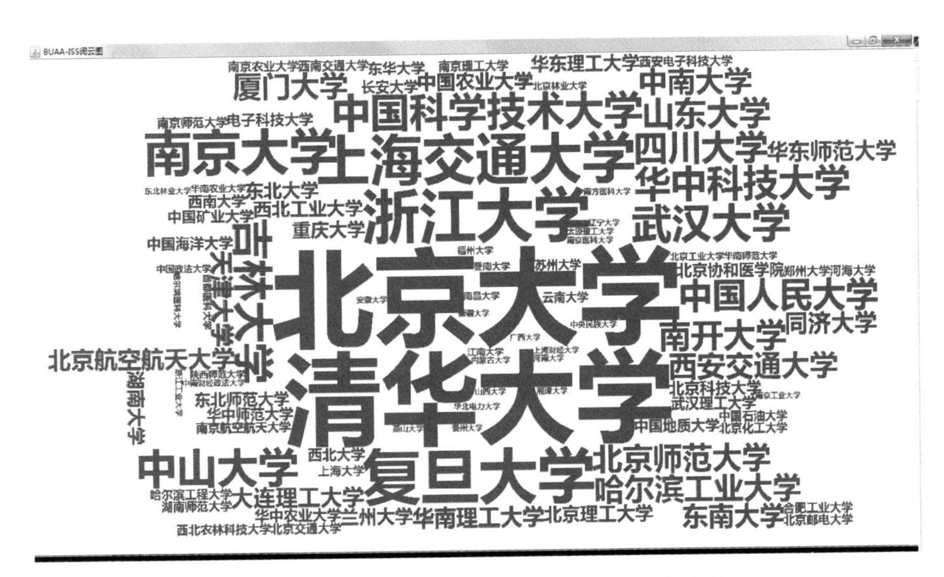

图 13-10　M²Word 算法字模提取后占用矩阵使用情况

三、空隙填充布局

词组字数差异造成内部缝隙时，布局一定比例的词组后，采用极坐标检测占用矩阵内剩余空白圆形区并存储其位置、半径和与中心的距离，按照与中心距离升序排序。对后续的词组布局时，从距离中心最近的空白区开始尝试，再检测是否重叠和是否可以旋转，如果所有空白区都重叠，则随机生成该词组坐标。由于随机算法和词组字数差异造成的空隙如图 13--11 所示，空隙检测结果如图 13-12 所示，居中空隙优先填充结果如图 13-13 所示。

图 13-11　M²Word 算法随机布局造成的空隙图示

图 13-12　基于字模提取纵横交错词云图空隙发现图示

图 13-13　基于字模提取纵横交错空隙优先词云图

四、适形填充布局

用已知的二值图像初始化占用矩阵M，可以填充生成任意图形的词云图。本例所用的24位BMP图像见图13-14的“龙形”图，读取图像的三基色，图内像素对应占用矩阵M的元素置为0，图外区域像素对应M的元素置为1，表示填充“图”，所绘制的横向适形词云如图13-14所示，纵横交错适形词云如图13-15所示，纵横交错居中适形词云如图13-16所示。如果预先对词组添加分类标签，如读取表13-1中的分类信息，用色彩标注不同分类的词组，生成具有分类标签的纵横交错居中适形的词云如图13-17所示，“985高校第一批”为第1类（红），“985高校第二批”为第2类（蓝），其他的“211高校”为第三类（绿）。

图 13–14　M²Word 算法生成横向适形词云图

图 13–15　M²Word 算法生成纵横交错适形词云图

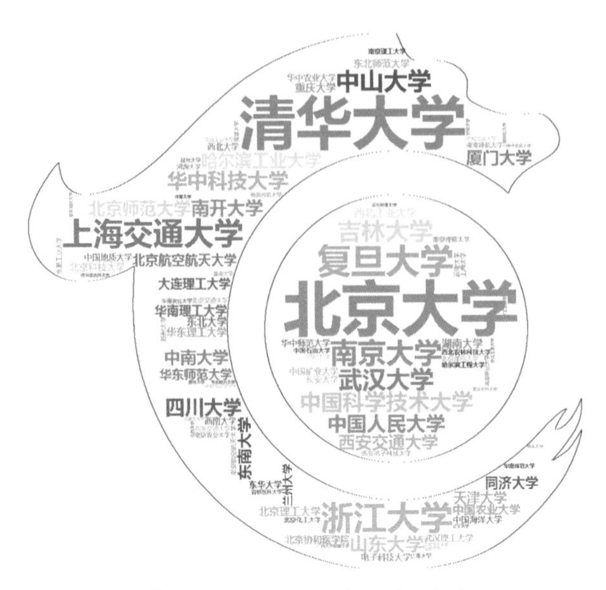

图 13–16　M²Word 算法生成纵横交错居中布局适形词云图

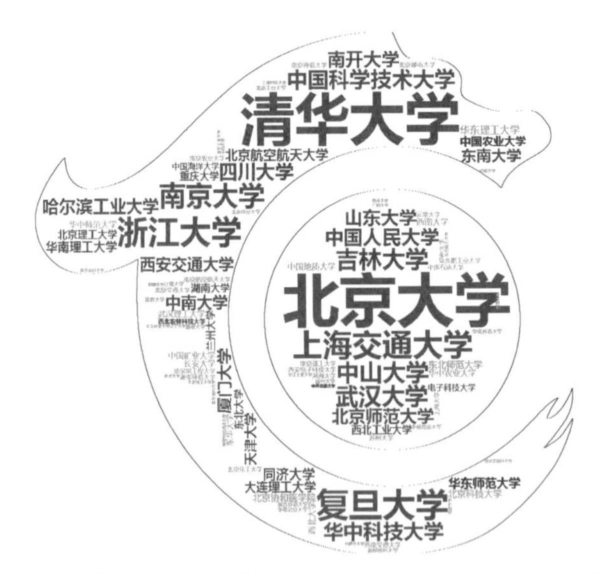

图 13–17　M²Word 算法生成纵横交错居中布局适形色彩分类的词云图

五、任意角度布局

图 13–18 为任意角度旋转词云图算法流程。为实现任意角度旋转出现了旋转前坐标系和旋转后坐标系换算，以计算边线坐标和占用区域坐标。任意角度旋转的难点是将旋转后坐标系的词组四角坐标、边线坐标和占用矩阵坐标换算到未旋转前的坐标系，四角坐标用于检测旋转后是否在可视区，边线坐标用于检测旋转后是否与已布局词组重叠，占用矩阵坐标用于将对应占用矩阵的区域设置为已占用，换算方法见图 13–19。

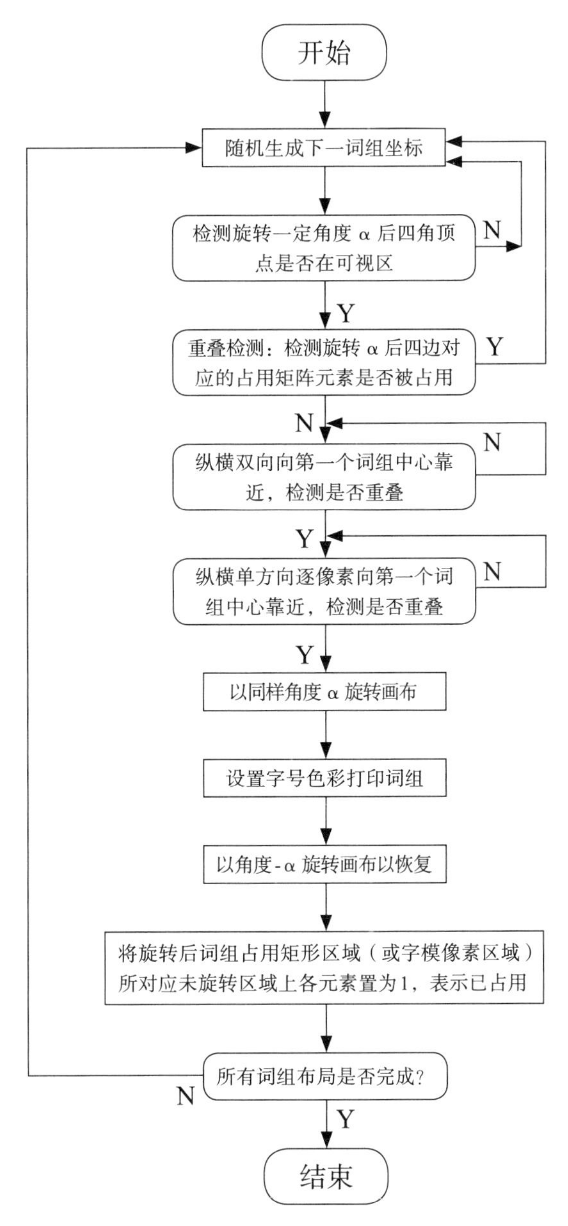

图 13-18 M²Word 算法生成任意角度旋转词云的步骤流程图

图13-18中，对每一个词组随机生成左下角基线坐标(r_x,r_y)，随机生成旋转角度α，根据词频表示的字号*wordsizei*和词组的字数*charsizei*计算其旋转前四角坐标，根据图13-19中的公式计算词组旋转角度α后的四角坐标，检测旋转后四角坐标是否在可视区内，不在则再次随机生成基线坐标和旋转角度，在可视区内则检测该词的矩形边线坐标，旋转角度α后的边线坐标位置对应的占用矩阵是否被占用，只要有一个点被占用则重新随机生成该词基线坐标和旋转角度，边线全部未被占用，则检测是否是第一个词组，如果是第一个词组则存储其中心坐标位置，不是第一个词组则检测其是

否可以向第一个词组的中心移动，同样采用先纵横双向同时移动，后纵横单向逐像素移动，重叠后停止，计算当前词组的基线坐标位置，先以角度 α 旋转画布，设置字体、色彩，根据词频设置字号，打印词组，然后再将画布旋转角度 - α，最后将旋转后的词组对应占用矩阵（或字模像素）中的元素置为1，当前词组布局完成。为下一个词组布局，所有词组布局完成后，任意角度旋转词云图可视化方法结束。任意角度词云占用矩阵使用情况如图 13-20 所示。

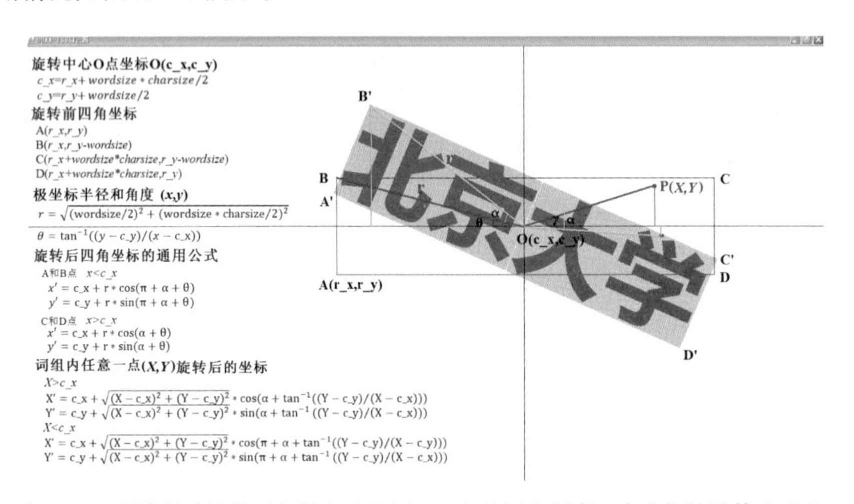

图 13-19　任意角度旋转后词组中心坐标、四角坐标和任意一点坐标的计算公式图示

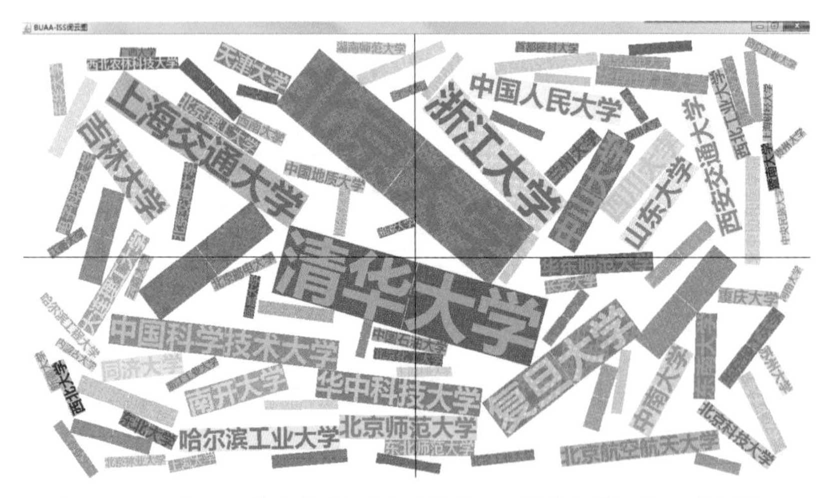

图 13-20　M^2Word 算法生成任意角度旋转词云图的占用矩阵 M 使用情况

任意角度词云布局结果如图 13-21 所示。字模提取任意角度词云占用矩阵使用情况如图 13-22 所示，对应的词云如图 13-23 所示，为清楚起见，词组外加了边框，显示字模无像素的边界被利用，布局更紧凑。适形任意角度靠近第一个词组中心词云布局如图 13-24 所示。

图 13–21　M²Word 算法生成任意角度旋转词云图

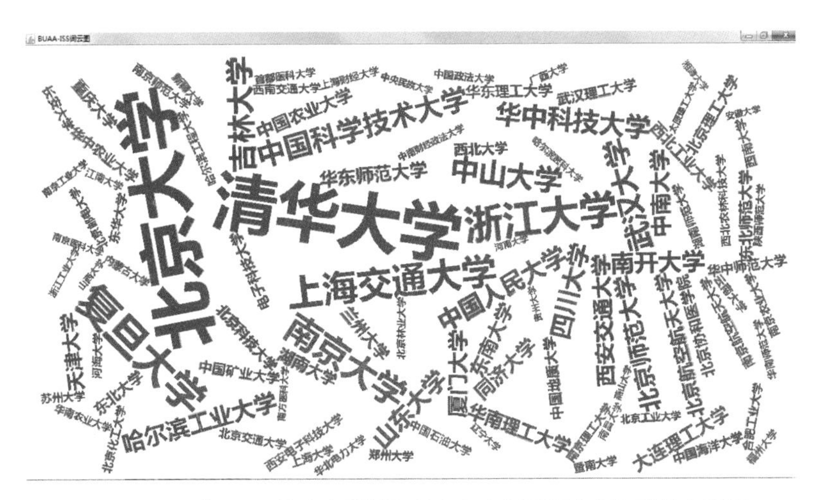

图 13–22　M²Word 算法字模提取任意角度词云图占用矩阵使用情况

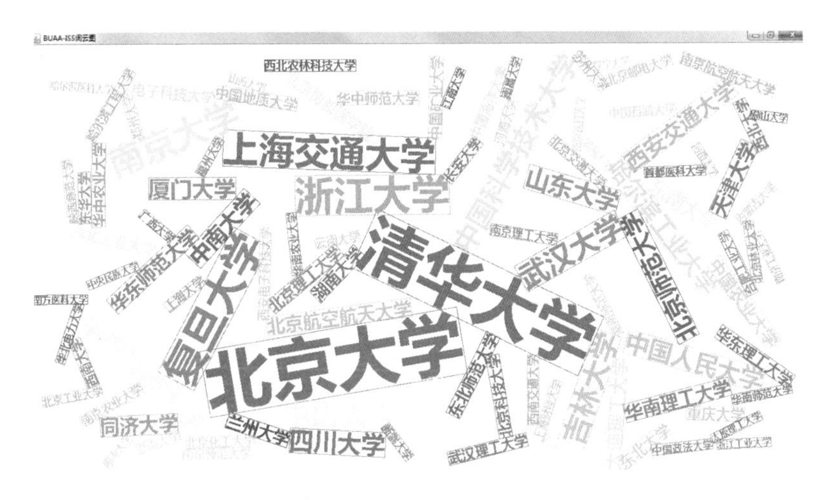

图 13–23　M²Word 算法字模提取任意角度词云图

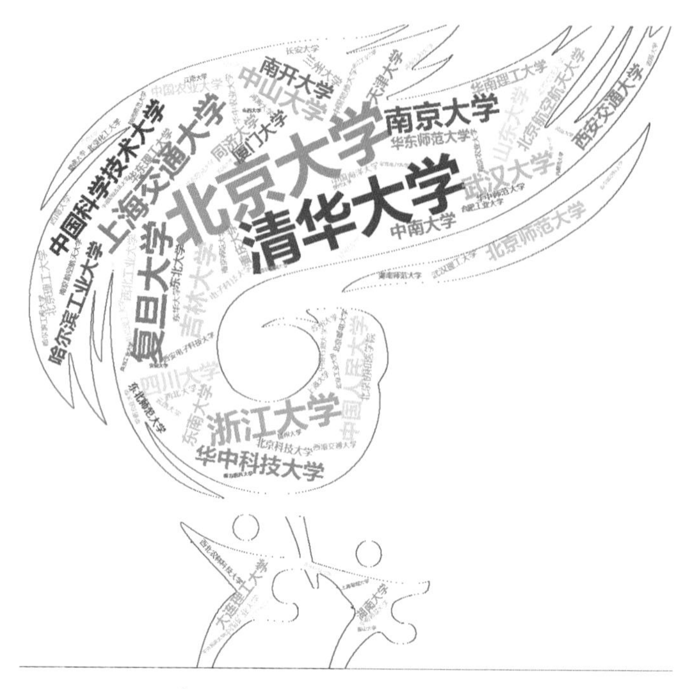

图 13–24　M²Word 算法生成适形任意角度居中布局词云图

基于任意角度M²Word算法可以组合使用色彩、角度和字体作分类标签，其分别生成的适形色彩分类任意角度词云如图13–25所示，用旋转角度分类的适形词云如图13–26所示，同时使用色彩、角度和字体分类的词云如图13–27所示。

图 13–25　M²Word 算法生成适形色彩分类任意角度词云图

图 13–26 M²Word 算法生成适形旋转角度分类词云图

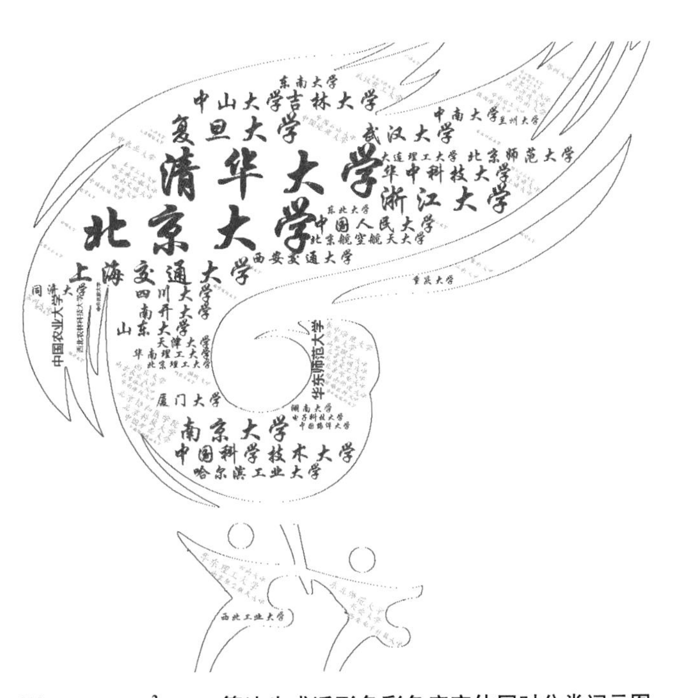

图 13–27 M²Word 算法生成适形色彩角度字体同时分类词云图

六、时序变化布局

色彩渐变词云适合添加时序倾向语义，词组的横向长度表示时间区间，色彩跳变表示在时序上的倾向变化。

通过全屏距离的渐变色，GradientPaint gpaint = new GradientPaint(0,100, Color.red, center_x*2, 100, Color.blue) 填充整幅图像，可形成整体时序变化词云，见图 13–28(a)。

通过词组距离的渐变色，GradientPaint gpaint = new GradientPaint(center_x-wsize*charsize,100, createRandomColor(), center_x+wsize*charsize, 100, createRandomColor()) 填充词组，可生成逐词的渐变色词云，见图 13–28(b)。

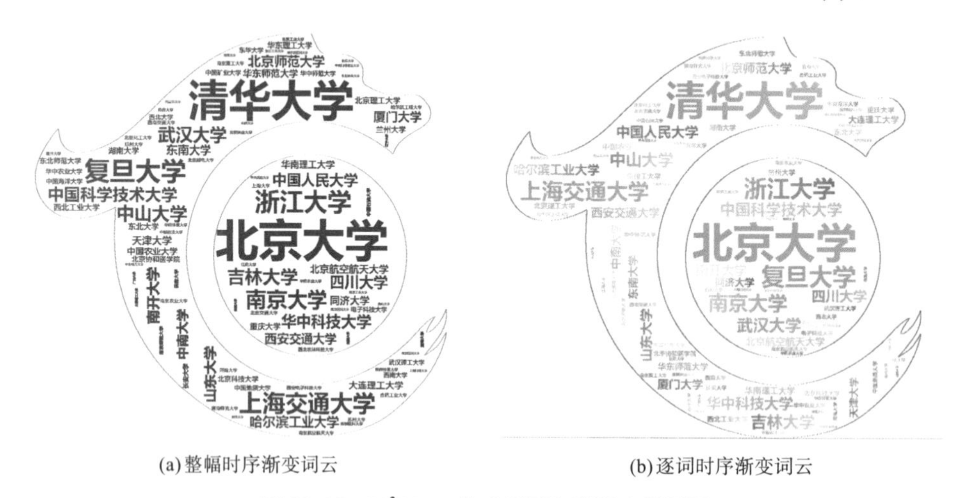

(a) 整幅时序渐变词云　　　　(b) 逐词时序渐变词云

图 13–28　M²Word 生成适形色彩渐变词云图

第三节　基于占用矩形的词云图可视化算法

为寻求更快的词云布局算法，本书也探索了通过迭代占用矩形解决字符重叠的方法，它实际的布局效果类似于新闻地图。

一、算法流程

基于迭代计算占用矩形的词云布局算法，其流程如图 13–29 所示。将第一个词组布局在可视区中央，迭代计算其左上、左下、右下和右上剩余的矩形区域，坐标计算见图 13–30，计算剩余矩形面积，按面积升序排序。对后续词组，从面积最小的区域开始尝试，布局时为居中排列，左上区布局在右下，左下区布局在右上，右下区布局在左上，右上区布局在左下，布局后词组占用一个矩形区，新增 2 个空白矩形区，将其中 1 个存储在所占用的矩形存储单元，另新增1个存储单元，再次按照面积排序，迭代布局后续词组。

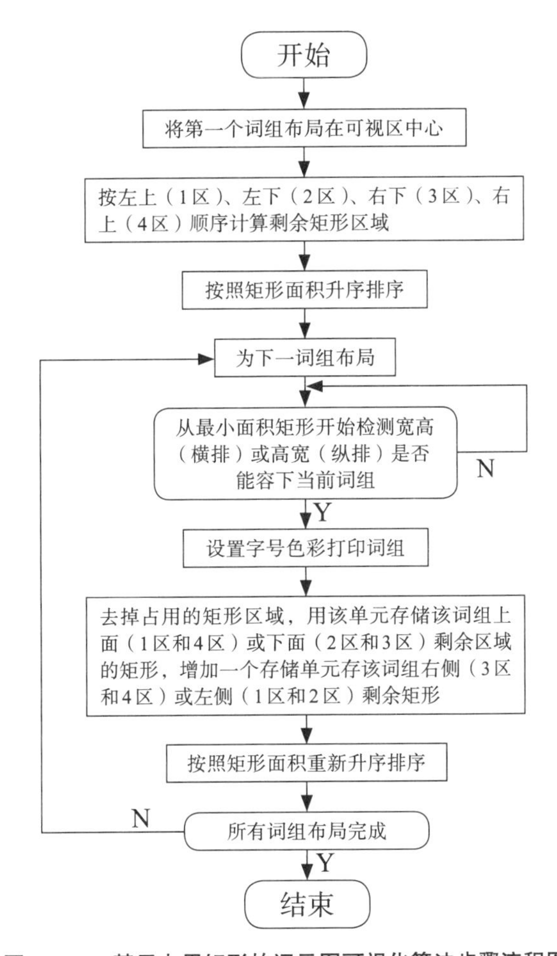

图 13–29　基于占用矩形的词云图可视化算法步骤流程图

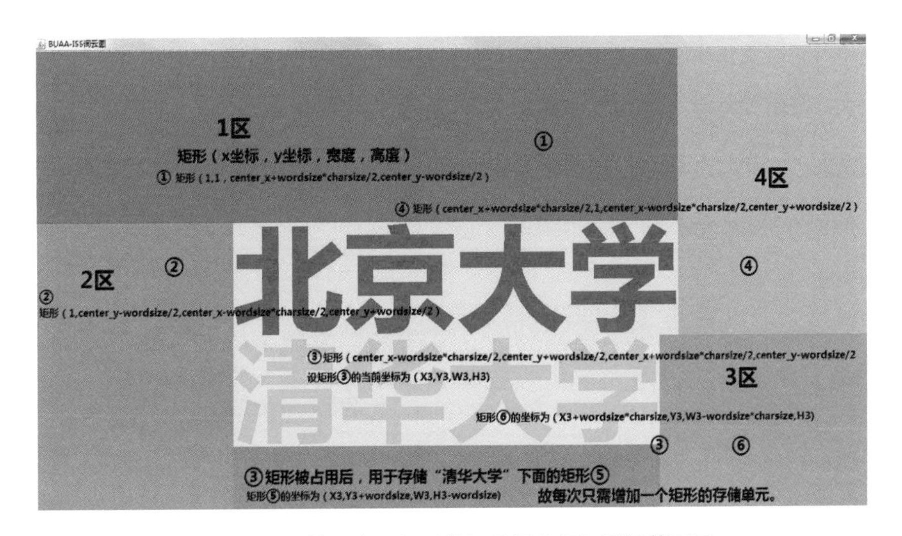

图 13–30　基于占用矩形的词云图占用矩形计算图示

二、基于占用矩形的词云布局

不同词频布局结果见图13-31，经多次实验验证，基于占用矩形的词云存在结尾填不满问题，而且随机变化较少，算法本身无法实现适形填充和时序倾向的语义表达。相同词频的布局结果如图13-32所示。

图13-31　基于占用矩形的不同字号词云图

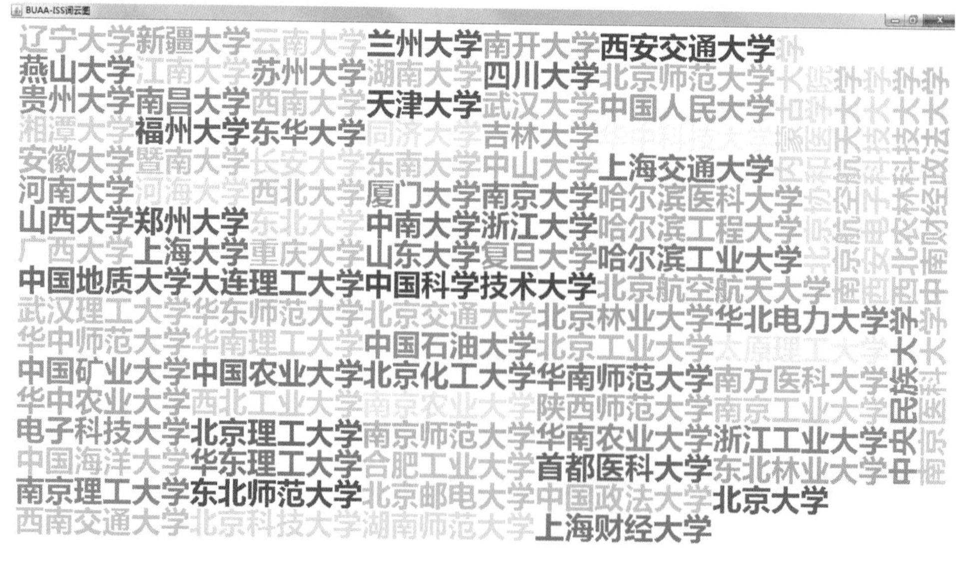

图13-32　基于占用矩形的相同字号词云图

第四节　算法性能分析

一、性能实验说明

为检验M^2Word系列算法的性能，对横向布局（记为WordCloud）、纵横交错布局（VWordCloud）、纵横交错居中布局（CVWordCloud）、适形纵横交错居中布局（SCVWordCloud）、任意角度旋转布局（AWordCloud）、任意角度旋转居中布局（CAWordCloud）、适形任意角度旋转居中布局（SCAWordCloud）、字模提取纵横交错居中布局（MCVWordCloud）、字模提取居中空隙优先填充纵横交错居中布局（MGCVWordCloud）、基于占用矩形的词云布局（RWordCloud）10个算法，在台式机AMD AthlonII*4 610e处理器，2.4G主频，3.5GB内存上，Eclipse开发环境下，做了算法性能实验。前9个算法具有随机性，运行时间为20次的均值。子算法命名列表见表13-2。

表13-2　M^2Word系列算法命名表

序　号	算法名称	英文简称
1	横向布局	WordCloud
2	纵横交错布局	VWordCloud
3	纵横交错居中布局	CVWordCloud
4	适形纵横交错居中布局	SCVWordCloud
5	任意角度旋转布局	AWordCloud
6	任意角度旋转居中布局	CAWordCloud
7	适形任意角度旋转居中布局	SCAWordCloud
8	字模提取纵横交错居中布局	MCVWordCloud
9	字模提取居中空隙优先填充纵横交错居中布局	MGCVWordCloud
10	基于占用矩形的词云布局	RWordCloud

为统一，字模提取、占用矩形矩阵和占用矩形算法，填充率计算均为所有词组的总面积（词组的字号平方乘以字数）除以可视区域面积。对于适形填充算法的不规则边界区域，实验采用蒙特卡洛方法计算面积，即随机生成占用矩阵的二维下标，运行N次，计算下标落入图形内部的次数n，占用矩阵面积为$W*H$，不规则图形的面积为：

$$S=(n/N)\times W\times H \tag{13.10}$$

二、实验结果

填充率与运行时间的比较如图13-33所示，运行时间为秒，10个算法的填充率都超过0.6以上，画面饱满，运行时间都在30秒以内，5个算法运行在0.5秒以下，用户体验布局在瞬间完成。其中CVWordCloud纵横交错居中布局词云的填充率更高，运行时间更短，而AwordCloud任意角度布局词云填充率稍低，运行时间稍长，所有的居中布局算法的填充率都较高，运行时间更短，其视觉效果近大远小符合突出重点的主观认识。基于占用矩阵的算法，随着填充率增加，布局后期，词组随机搜索到空闲区域的次数增加，布局运行时间增加。RwordCloud算法是确定性算法，填充率增加，运行时间不变。

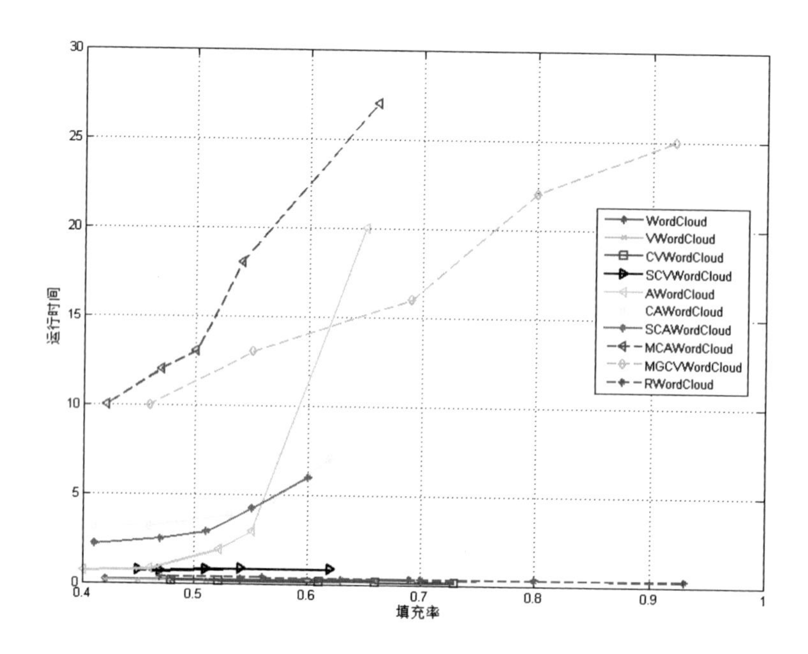

图 13-33　基于占用矩阵的词云图可视化方法填充率与运行时间比较

三、讨论

提出一组基于占用矩阵的词云图可视化方法，包括：纵横交错词云、任意角度词云和基于占用矩形的词云算法。目的在于可视化各种文本生成的包含词组和词频的统计数据，字号表示词频，词组颜色丰富，突出显示高频词组。为解决词云图无重叠提出了占用矩阵和边线检测技术，为实现纵横交错采用旋转画布，为实现近大远小并保证运行速度提出了两阶段靠中心移动，采用图像初始化占用矩阵实现了适形填充，为解决词组内空隙采用字模提取，为解决随机算法造成的空隙采用空隙发现和居中优先填充技术，为实现任意角度提出了旋转前坐标系和旋转后坐标系换算技术，用色彩、字体或角度表示分类信息，具有分类语义。算法输入为具有一定格式的文本统计数据，输出为可适应形状、无重叠、纵横交错、任意角度、字模提取、近大远小、带分类标签且具有一定随机性，相似又不同的各种组合布局词云图，宏观分析文本重点，直观比较数据差异，可广泛应用于文本挖掘和可视化领域，提高数据的可理解性。

基于占用矩阵的词云图可视化方法的优点在于：

第一，设计采用占用矩阵解决词组重叠问题，词组占用的子矩阵（或字模像素）置为1；采用矩形边线检测重叠，占用矩阵和边线检测的设计有效节省重叠检测时间。与Wordle和ManiWordle相比，将逐一与已布局词组比较转换为直接计算占用矩阵的下标，检测一个矩形边线是否被占用，重叠检测部分的算法复杂度为$O(mn)$（$m<<n$）。通过二值图像初始化占用矩阵，简便地实现填充任意形状的词云图，丰富了可视化效果。

第二，通过极坐标和直角坐标换算以及旋转前坐标系和旋转后坐标系换算实现了任意角度词云图，它是一种更一般的布局算法，横向布局和纵横交错是其特例，通过参数控制词组横向、纵横布局以及使用角度作为分类标签。

第三，通过两阶段快速粗调整和慢速精细调整向可视区中心移动，实现高频词组尽可能聚集于中心，突出数据重点，两阶段调整使词组快速靠近中心坐标。

第四，词组初始坐标随机生成，每次运行词云图不尽相同，但所有的词组都尽可能靠近第一个词组中心，近大远小、突出重点、相似且不同。横向、纵横交错、任意角度、字模提取、填充图形、居中布局和色彩字体角度分类可以单独或组合使用，丰富了可视化效果。

第五，基于占用矩形的词云布局算法，提供了一种快速、布局紧凑、填充率较高的确定性布局，其在词组字号相同或近似时，布局效果较好。一般情况下，布局结束区域效果稍差，不能适形填充。

小结

本章的内容为作者2014年提出的一种基于占用矩阵的词云图可视化系列算法，方法内容已申请专利并授权，可以用Java语言和JavaScript语言分别实现。这一章为提出新的可视化算法提供可能的借鉴。

参考文献

[1] 中国计算机学会大数据专家委员会．中国大数据技术与产业发展报告（2013）．[2018-1-5]．http://www.bigdataforum.org.cn/ccf/ccf/navigation?id=51&dtype=1.

[2] 中国计算机学会大数据专家委员会．CCF大专委2017年大数据发展趋势预测．[2018-1-5]．http://www.bigdataforum.org.cn/ccf/ccf/navigation?id=51&dtype=2.

[3] 中国计算机学会大数据专家委员会．CCF大专委2018年大数据发展趋势预测．[2018-1-5]．http://www.bigdataforum.org.cn/ccf/ccf/navigation?id=51&dtype=2.

[4] 陈为，沈则潜，陶煜波．数据可视化 [M]．北京：电子工业出版社，2012.

[5] 沈浩．数据驱动新闻生产未来 [N]．中国社会科学报，2017-08-24（003）.

[6] 沈浩．大数据时代的数据新闻和可视化传播 [J]．视听界（广播电视技术），2016（6）：59-65.

[7] W3School之中文文档．http://www.w3school.com.cn/.

[8] JSBin．http://www.jsbin.com.

[9] D3官网．https://www.d3js.org.

[10] D3官方文档中文版．https://github.com/tianxuzhang/d3.v4-API-Translation.

[11] 吕之华．精通D3.js：交互式数据可视化高级编程 [M]．北京：电子工业出版社，2015.

[12] 弦图．http://circos.ca/guide/tables/.

[13] 百度地图开放平台．http://lbsyun.baidu.com/.

[14] Web Audio．https://developer.mozilla.org/en-US/docs/Web/API/Web_Audio_API.

[15] Music Visualization with D3.js．https://www.bignerdranch.com/blog/music-visualization-with-d3-js/.

[16] GitHub音乐可视化．http://bignerdranch.github.io/music-frequency-d3/.

[17] W3C音乐可视化．https://www.w3.org/TR/webaudio/.

[18] HTML5的Canva文档．http://www.w3school.com.cn/tags/tag_canvas.asp.

[19] HTML5的Canva参考．http://www.w3school.com.cn/tags/html_ref_canvas.asp.

[20] Mozilla的Canvas教程．https://developer.mozilla.org/zh-CN/docs/Web/API/Canvas_API/Tutorial.

[21] Python爬虫Requests库．http://www.python-requests.org/en/master/.

[22] PyCharm官网．https://www.jetbrains.com/pycharm.

[23] Beautiful Soup 4官网．https://www.crummy.com/software/BeautifulSoup.

[24] Wordle词云图．http://www.wordle.net/.

[25] D3词云图．https://www.jasondavies.com/wordcloud/.

[26] Echart2词云图API．https://github.com/liangbizhi/js2wordcloud.

[27] 三维标签云TagCanvas．http://www.goat1000.com/tagcanvas.php.

[28] 刘连忠，李春芳，等．一种基于占用矩阵的词云图可视化方法．授权号CN 103778213 B.

后 记

在从杭州坐高铁回北京的路上，江南下雪了，一路的好风景，无法用手机记录江南雪景，只得用文字形容，静静两相宜。江南水乡，湖水是宁静的，沐雪的山川也是静谧的，千江雪霁，恬静风雅……好……好看。

数据可视化，其实不外乎就是使数据……好看。这个好看有两层含义，一是色彩绚丽赏心悦目，二是容易看懂数据。

能将这些年无心积攒和有心设计的若干程序算法和对可视化的感悟结集出版，满是欣慰，也非常忐忑，像似交了答卷的学生，等待读者老师们的评判。

本书的成稿，中传计科大数据2015级的同学做出了很多贡献，他们是章文希、徐晓淳、樊禄钰、尚傲、赵家琳、王殿辉、张凌飞、李敏、郑浩、温乔、孙泽宇、周泽恒、朱孙禹、李依琳、周云、冯哲彬、李纪周、董仝粱、王鸿儒、杨占律、姚鸣洁、卢钇宏、林金霞、陈玮、甘媛嫄、钟菀津、申一宏、赵笑磊、李耀宗、姜语桐、刘鑫琪等，在此表达诚挚的感谢。

在做可视化的教学和科研中，我们特别要感谢一下北京师范大学附属中学的李辰洋同学，无论是词云图算法的设计实现，还是早期对使用D3 API的探索纠结，以及本书的写作和代码风格，他都给我们提供了很多思路和建议，以及具体的代码级别的帮助，并且在日常生活中不厌其烦地给第一作者灌输道听途说的技术前沿，在此表达感谢。

此外，特别感谢中国传媒大学新闻学院沈浩教授、微云数聚（北京）科技有限公司张帜董事长、东北师范大学传媒科学学院原院长王以宁教授为本书写了推荐语，在此致以诚挚感谢。

在本书付梓出版之际，特别感谢中国传媒大学出版社的阳金洲和李克俭老师，感谢你们细致具体的指导。最后特别感谢各位编辑老师，使得本书比较严谨并且有如此漂亮的版式，不负数据可视化好看的宗旨。

挂一漏万，感谢为本书成文和出版所做出工作的所有人，谢谢你们。

李春芳
石民勇
2018年4月18日

图书在版编目(CIP)数据

数据可视化原理与实例 / 李春芳，石民勇著 . —北京：中国传媒大学出版社，2018.7

（“十三五”规划全媒体人才培养丛书 · 数据科学系列）

ISBN 978-7-5657-2354-4

Ⅰ . ①数… Ⅱ . ①李… ②石… Ⅲ . ①数据处理 Ⅳ . ① TP274

中国版本图书馆 CIP 数据核字（2018）第 147447 号

数据可视化原理与实例

SHUJU KESHIHUA YUANLI YU SHILI

著　　者　李春芳　石民勇
策划编辑　阳金洲
责任编辑　黄松毅
特约编辑　李克俭
责任印制　日新
封面设计　风得信设计 • 阿东

出版发行　中国传媒大学出版社
社　　址　北京市朝阳区定福庄东街 1 号　邮编：100024
电　　话　86-10-65450528　65450532　传真：65779405
网　　址　http：//www.cucp.com.cn
经　　销　全国新华书店

印　　刷　北京中科印刷有限公司
开　　本　787mm×1092mm　1/16
印　　张　16
字　　数　304 千字
版　　次　2018 年 9 月第 1 版　　2018 年 9 月第 1 次印刷

书　　号　ISBN 978-7-5657-2354-4/TP • 2354　　定　　价　69.00 元